中华精神家园

自然遗产

动物乐园

国家动物自然保护区

肖东发 主编　王明哲 编著

中国出版集团
现代出版社

图书在版编目（CIP）数据

动物乐园：国家动物自然保护区 / 王明哲编著. —北京：现代出版社，2014.5（2019.1重印）
ISBN 978-7-5143-2355-9

Ⅰ．①动… Ⅱ．①王… Ⅲ．①动物－介绍－中国 Ⅳ．①Q95

中国版本图书馆CIP数据核字(2014)第056953号

动物乐园：国家动物自然保护区

主　　编：肖东发
作　　者：王明哲
责任编辑：王敬一
出版发行：现代出版社
通信地址：北京市定安门外安华里504号
邮政编码：100011
电　　话：010-64267325　64245264（传真）
网　　址：www.1980xd.com
电子邮箱：xiandai@cnpitc.com.cn
印　　刷：三河市华晨印务有限公司
开　　本：710mm×1000mm　1/16
印　　张：9
版　　次：2015年4月第1版　2021年3月第4次印刷
书　　号：ISBN 978-7-5143-2355-9
定　　价：29.80元

版权所有，翻印必究；未经许可，不得转载

序言 | 动物乐园

　　党的十八大报告指出："文化是民族的血脉，是人民的精神家园。全面建成小康社会，实现中华民族伟大复兴，必须推动社会主义文化大发展大繁荣，兴起社会主义文化建设新高潮，提高国家文化软实力，发挥文化引领风尚、教育人民、服务社会、推动发展的作用。"

　　我国经过改革开放的历程，推进了民族振兴、国家富强、人民幸福的中国梦，推进了伟大复兴的历史进程。文化是立国之根，实现中国梦也是我国文化实现伟大复兴的过程，并最终体现为文化的发展繁荣。习近平指出，博大精深的中国优秀传统文化是我们在世界文化激荡中站稳脚跟的根基。中华文化源远流长，积淀着中华民族最深层的精神追求，代表着中华民族独特的精神标识，为中华民族生生不息、发展壮大提供了丰厚滋养。我们要认识中华文化的独特创造、价值理念、鲜明特色，增强文化自信和价值自信。

　　如今，我们正处在改革开放攻坚和经济发展的转型时期，面对世界各国形形色色的文化现象，面对各种眼花缭乱的现代传媒，我们要坚持文化自信、古为今用、洋为中用、推陈出新，有鉴别地加以对待，有扬弃地予以继承，传承和升华中华优秀传统文化，发展中国特色社会主义文化，增强国家文化软实力。

　　浩浩历史长河，熊熊文明薪火，中华文化源远流长，滚滚黄河、滔滔长江，是最直接的源头，这两大文化浪涛经过千百年冲刷洗礼和不断交流、融合以及沉淀，最终形成了求同存异、兼收并蓄的辉煌灿烂的中华文明，也是世界上唯一绵延不绝而从没中断的古老文化，并始终充满了生机与活力。

　　中华文化曾是东方文化摇篮，也是推动世界文明不断前行的动力之一。早在500年前，中华文化的四大发明催生了欧洲文艺复兴运动和地理大发现。中国四大发明先后传到西方，对于促进西方工业社会的形成和发展，曾起到了重要作用。

动物乐园 | 序　言

　　中华文化的力量，已经深深熔铸到我们的生命力、创造力和凝聚力中，是我们民族的基因。中华民族的精神，也已深深植根于绵延数千年的优秀文化传统之中，是我们的精神家园。

　　总之，中华文化博大精深，是中国各族人民五千年来创造、传承下来的物质文明和精神文明的总和，其内容包罗万象，浩若星汉，具有很强的文化纵深，蕴含丰富宝藏。我们要实现中华文化伟大复兴，首先要站在传统文化前沿，薪火相传，一脉相承，弘扬和发展五千年来优秀的、光明的、先进的、科学的、文明的和自豪的文化现象，融合古今中外一切文化精华，构建具有中国特色的现代民族文化，向世界和未来展示中华民族的文化力量、文化价值、文化形态与文化风采。

　　为此，在有关专家指导下，我们收集整理了大量古今资料和最新研究成果，特别编撰了本套大型书系。主要包括独具特色的语言文字、浩如烟海的文化典籍、名扬世界的科技工艺、异彩纷呈的文学艺术、充满智慧的中国哲学、完备而深刻的伦理道德、古风古韵的建筑遗存、深具内涵的自然名胜、悠久传承的历史文明，还有各具特色又相互交融的地域文化和民族文化等，充分显示了中华民族的厚重文化底蕴和强大民族凝聚力，具有极强的系统性、广博性和规模性。

　　本套书系的特点是全景展现，纵横捭阖，内容采取讲故事的方式进行叙述，语言通俗，明白晓畅，图文并茂，形象直观，古风古韵，格调高雅，具有很强的可读性、欣赏性、知识性和延伸性，能够让广大读者全面接触和感受中国文化的丰富内涵，增强中华儿女民族自尊心和文化自豪感，并能很好继承和弘扬中国文化，创造未来中国特色的先进民族文化。

2014年4月18日

目录 | 动物乐园

天地家园——西部动物保护区

察青松多——白唇鹿　002

四川卧龙——大熊猫　011

西藏芒康——滇金丝猴　023

阿尔金山——双峰野骆驼　030

博格达峰——雪豹　039

山水相依——东部动物保护区

044　升金湖——白头鹤

050　安徽宣城——扬子鳄

057　盐城海滩——丹顶鹤

063　东台岸滩——中华鲟

070　铜陵夹江——淡水豚

077　大丰滨海——麋鹿

暖风温存——南方动物保护区

坝王岭——黑冠长臂猿 084

大山包——黑颈鹤 092

惠东港口——海龟 097

林苑之家——北方动物保护区

104 　大连长兴——斑海豹

112 　吉林珲春——东北虎

121 　伊春碧水——中华秋沙鸭

129 　乌拉特——蒙古野驴

天地家园

西部动物保护区

我国西部地区地域辽阔,自然条件复杂多样,野生动物种类繁多。这些珍贵的野生动物在保护生态平衡和生态系统稳定性方面起着重要的作用,因此必须加强西部野生动物资源的保护。

我国西部珍稀动物保护区主要有察青松多白唇鹿、四川大熊猫、芒康滇金丝猴、安南坝野骆驼、博格达峰的雪豹等多个自然保护区。

察青松多——白唇鹿

察青松多白唇鹿自然保护区位于四川省白玉县境内，是以保护白唇鹿、金钱豹、金雕等珍稀野生动物及其自然生态系统为主的森林和野生动物类型的国家级自然保护区。

察青松多自然保护区隶属白玉县的麻绒乡、安孜乡、纳塔乡和阿

■ 白唇鹿鹿群在觅食

■ 山谷中的白唇鹿

察乡。东面以纳塔乡和白玉县与新龙县的县界为界，西面以麻曲河以西的分水岭为界，南面以白玉县与巴塘、理塘县的县界为界，北面以麻绒乡的集体林与国有林分界线和若当沟与哈皮柯的分水岭为界。

保护区因处在青藏高原东部，加上高海拔及特殊的地形地貌特点，形成了独特的大陆型季风高原气候。干湿季节分明，日温差别较大，干燥、寒冷、日照充足，气候立体特征明显，垂直差异大。从低到高可划分为3个垂直气候带：山地寒温带、高山亚寒带、高山寒带。

区内森林植被保存完好，自然景观优美，风光秀丽，生物资源非常丰富。森林植被原始状态完整，森林生态系统中浓密的林冠层、较厚的苔藓、枯枝落叶层和腐殖质及大面积的高山草甸、湿地系统使它能涵养水源、稳定河川流量，因此是长江上游重要的水源涵养地。

金钱豹 又称豹、银豹子、豹子、文豹。体态似虎，身长1米以上，体重50千克左右。头圆、耳小。全身棕黄而遍布黑褐色金钱花斑。金钱豹是一种大型食肉兽，身体强健，行动敏捷，能跳善爬，性情凶猛狡猾，甚至能猎食鹿等大型动物，爬树本领非常高，能偷袭食草动物。

■ 白唇鹿

察青松多风景秀丽，自然生态原始完整，湖泊紧密相连，水清见底、水平如镜，飞禽走兽、结伴成群。栖息在这里的珍稀动物种类繁多，通过调查，区内国家一二级重点保护动物有30种之多，而且分布数量密集。其中重点保护对象白唇鹿有600只以上，在整个自然保护区中以白唇鹿分布数量最大而闻名中外。

这里还有金钱豹、雪豹、黑颈鹤、黑鹳、金雕、玉带海雕、绿尾虹雉等国家一级保护动物。国家二级保护动物有盘羊、岩羊、斑羚、山驴、藏原羚、水鹿、白臀鹿、林麝、金猫、石豹、天鹅、藏马鸡等。另外，在察青松多的高山湖泊中还有原始种的裸鱼。

保护区的自然条件适宜以白唇鹿为主的国家一级保护动物生存。白唇鹿分布集中，丰富的动物物种是巨大的生物基因库，构成绚丽奇特的自然生态王国。

从动物地理分区上看，察青松多靠近古北界与东洋界的分界线，属于古北界青藏区青海藏南亚区，其动物地理群为南北物种混杂，特有种十分丰富。

白唇鹿是青藏高原特有的动物，也是我国独有的，它是典型适应高寒草甸生活的种类。白唇鹿是集群生活的鹿类，其集群的大小根据季节和环境的不同有很大区别。

黑颈鹤 大型涉禽，全身灰白色，颈、腿比较长，头顶皮肤血红色，并布有稀疏发状羽。除眼后和眼下方具一小白色或灰白色斑外，头的其余部分和颈的上部约2/3为黑色，故称黑颈鹤。是为我国所特有的珍贵鸟类。

据调查，白唇鹿在我国共有15000余头。在四川分布于甘孜、阿坝、凉山和雅安的24个县境内，甘孜州分布较广，17个县均有。但白玉县察青松多保护区是白唇鹿最集中的分布区之一，保护区的主要保护对象就是白唇鹿及其栖息地。

白唇鹿被誉为中国"活黄金"，又名岩鹿、白鼻鹿、黄鹿。唇的周围和下颌为白色，为我国特产动物。白唇鹿是一种典型的高寒地区的山地动物，是国家重点保护野生动物。

白唇鹿根据组成鹿群的个体年龄和性别，可分为由雌鹿和仔鹿加上1岁雄鹿的雌性群、雄性群以及雌雄混合群3个类型。

白唇鹿在分类上属于偶蹄目，反刍亚目，鹿科，鹿亚科，鹿属。在进化系统树上被认为是鹿属中处于中间位置的种类，其顺序是：泽鹿——水鹿——白唇鹿——马鹿——梅花鹿。白唇鹿起源于青藏高原，没

> **金雕**是一种猛禽。金雕以其突出的外观和敏捷有力的飞行而著名。成鸟的翼展平均超过两米，体长则可达一米，其腿爪上全部都有羽毛覆盖。一般生活于多山或丘陵地区，特别是山谷的峭壁以及山壁凸出处，以大中型的鸟类和兽类为食。

■ 白唇鹿在觅食

有亚种分化。

白唇鹿体重200千克以上，体长1.5米至1.9米，肩高1.2米至1.4米，臀高1.2米至1.4米，站立时，其肩部略高于臀部。

白唇鹿耳长而尖。雄鹿具茸角，一般有5叉，个别老年雄体可达6叉，眉枝与次枝相距远，次枝长，主枝略侧扁。因其角叉的分叉处特别宽扁，故也称作扁角鹿。雌鹿无角，鼻端裸露，上下嘴唇、鼻端四周及下颌终年纯白色。臀部具淡黄色块斑。

白唇鹿毛被及色调在冬夏有差别。冬季毛厚，毛略粗而稍有弹性，毛形直，毛尖处稍弯曲，通体呈现一致的枯黄褐色，胸腹及四肢内侧乳白或棕白色，四肢下端棕黄浅褐色，臀斑黄白色。

夏季毛被薄而致密，通体色调多变异，有褐棕色、灰褐色或灰棕色等，臀斑棕色或黄棕色。出生鹿羔毛被柔软，在浅棕色的体背分布有不规则的斑点。

白唇鹿通体呈暗褐色，因此当地人又称它"红鹿子"。唇端、颊后、颏至喉部毛色纯白，因此称白唇鹿。

白唇鹿的头骨与同属的其他鹿相比，由于鼻部颜面的幅度宽，所以显得幅度宽于长度。这大概与适应干燥而寒冷地带的生活有关。泪窝大而深，被认为可能与在草原上的相互通讯有关。

■ 机警的白唇鹿

白唇鹿齿的特征表现为臼齿的旁茎锥、中茎锥以及后茎锥发达，被认为是对采食青藏高原坚硬的禾本科和莎草科草本植物的适应。

白唇鹿每年繁殖一次，孕期约8个月，每胎产1仔，幼鹿身上有白斑。成年白唇鹿平时雌雄分开活动，只有在交配季节即将来临时，才混合群集由暖季栖息地向越冬栖息地迁移，并最后组成交配群。但各交配群之间界线分明，由主雄支配全群其他成员。

夕阳下的白唇鹿

白唇鹿喜群居，除交配季节外，雌雄成体均分群活动，终年漫游于一定范围的山麓、平原，开阔的沟谷和山岭间。主要在晨、夕活动，白天大部分时间均卧伏于僻静的地方休息、反刍。

在气温较高的月份，生活于海拔较高的地区，9月份以后随着气温的下降，又慢迁往较低的地方生活。

白唇鹿雄鹿长茸期间，一般七八只组成雄鹿群活动于较高的山腰、山脊附近，受惊时均向高处逃窜；雌鹿常10多只一起组成家族性的鹿群，多活动于山体的下部，受惊扰却朝较低处跑。至繁殖季节集群可多达数十只，乃至百余只。

白唇鹿在晨夕采食，以高原生长的草本为主，禾本科和莎草科植物是白唇鹿的主要食物，它们也啃食山柳、金腊梅、高山栎和小叶杜鹃等灌木的嫩枝叶。但随着环境的不同，其食物比例和成分也有所改变。

但是，白唇鹿分布区域多属牧区，由于畜牧业扩大，草场退化，严重影响了它们的活动、食物基地和分布状况，致使青藏高原边缘地带，如四川盆地西缘和甘肃等山地，它们的分布已呈岛状，社群间缺少基因交换，遗传逐渐衰竭。

安详的白唇鹿

在白唇鹿保护区，人们对各地资源进行了普查，在查明的基础上，制订了保护和持续利用的对策和行动计划，包括规划出以保护白唇鹿为主的珍稀动物及其生态系统的自然保护区。

严加控制捕捉幼鹿驯养，坚决制止盗猎雄鹿取茸，确保白唇鹿种群的恢复和稳定。修建了较大规模的白唇鹿饲养基地，进行人工圈养与散放。

保护区白唇鹿资源的保护是非常好的，从事保护工作的人员善于利用当地的习俗，确立了村社野生动物保护目标责任书，通过努力，使保护区周围的居民把"不杀生"作为行为准则之一。而且，当发现有人到此打猎，当地人会主动去制止。

为了发挥保护区生态保护、科研考察和自然资源合理利用的效应，保护区管理局开展了大量的基础调研工作。

首先是利用两个管理保护站的基层优势，对自然保护区开展定期巡查管护，防止野生动物资源破坏和生态环境破坏，打击偷猎盗猎活动，预防森林火灾，并对当地生态植被进行恢复治理。

静卧的白唇鹿

同时还组织业务技术人员和邀请专家对保护区重点保护对象进行科学考察和研究，随时监测了解野生动物活动情况、分布数量和生活习性。

察青松多自然保护区自升级为国家级自然保护区以来，保护区管理局切实按照自然保护区野生动物资源的可持续发展与利用的要求，及时完善了管理机构、加强了宣传教育、强化了保护管理力度，采取有效措施推进了察青松多自然保护区的全面发展。

管理局紧紧抓住每年4月的"爱鸟周"和10月的"野生动物保护宣传月"活动开展的有利时机，出动大量人力，大张旗鼓地进行以"爱护家园、珍爱野生动物"为主题的相关知识宣传。

同时，管理局还充分利用广播、电视等现代媒体进行宣传，并在保护区周边的路边、沟旁和群众聚集的地方张贴宣传标语，让爱护野生动物、保护野生动物的意识深入人心。

■ 高原动物白唇鹿

春季的白唇鹿

管理局从科学的发展观出发，切实加强对管理人员的培训工作，积极参加省州林业部门组织的各种专业技术培训，并切实加强与各个自然保护区的交流工作，认真借鉴其他保护区的一些成功经验和方法，提高广大管理工作人员的业务水平和管理水平。

关于白唇鹿有"天鹿者，纯灵之兽也"的说法。鹿在我国古代文化中，象征着吉祥、正义、美丽等。鹿在古代还被视为神物，被认为能给人们带来吉祥幸福和长寿等，深得我国人们喜爱，因此具有丰富的文化内涵。

阅读链接

哈昂那喀，藏语的意思为"鹿哭山"。这是白玉县纳塔乡境内高山沼泽地带边缘的一座被沼泽包围的山，而纳塔乡也属于察青松多白唇鹿保护区的范围。

据说，每当鹿群遭到天敌袭击而丧失伙伴时，它们就会穿过沼泽跑到这座山里躲起来。每到深夜，住在附近的藏民们就可以听见许多鹿的惨叫声，那声音就像是在哭一样，听起来十分凄惨。

藏民们说，鹿是懂天性的神物，它们以喊叫的方式呼唤死去的同伴，这座山是它们的最后堡垒，也是它们的祭祀场地。每当哈昂那喀传来鹿的哭声，鹿群就会躲得远远的，它们就会在这周围的地方消失很长一段时间才会再回来。

四川卧龙——大熊猫

四川大熊猫栖息地位于四川境内,主要包括卧龙、四姑娘山和夹金山脉,面积9245平方千米。这里拥有丰富的植被种类,是全球最大最完整的大熊猫栖息地。另外,这里也是小熊猫、雪豹及云豹等濒危物种栖息的地方。

玩耍中的大熊猫

大熊猫主支在我国中部和南部演化，其中一种在距今约300万年的更新世初期出现，体形比后来的熊猫还要小，从牙齿推断，它进化成了兼食竹类的杂食兽的卵生熊类。此后这一主支向亚热带扩展，广泛分布在华北、西北、华东、西南、华南等处。

大熊猫在演化的过程中，逐渐适应了亚热带竹林生活，体型逐渐增大，以竹子为食。距今50万年至70万年的更新世中晚期，是大熊猫的鼎盛时期。

后来的大熊猫臼齿发达，爪子除了五趾外，还有一个"拇指"。这个拇指其实是一节腕骨特化形成，学名叫做"桡侧籽骨"，主要起握住竹子的作用。

有关化石显示，大熊猫祖先出现在二三百万年前的洪积纪早期，距今几十万年前是大熊猫的极盛时期，它属于剑齿象古生物群，当时大熊猫栖息地曾覆盖了我国东部和南部的大部分地区。

大熊猫化石通常在海拔500米至700米的温带或亚热带的森林被发现。后来同期的动物相继灭绝，大熊猫却独自存留了下来，并保持了

栖息在树上的大熊猫

原有的古老特征,所以有很多科学价值。

大熊猫在我国具有悠久的历史。古时候,大熊猫被称为"食铁兽"。汉代东方朔著的志怪小说集《神异经》说:"南方有兽,名曰啮铁。"

晋代郭璞注释的我国最早的一部解释词义的专著《尔雅·释兽》中说:"似熊、小头、庳脚、黑白驳能舐食铜铁及竹骨。"

在进食的大熊猫

清代袁枚著的奇书《新齐谐初集》中说:"房县有貘兽,好食铜铁而不伤人,凡民间犁锄刀斧之类,见则涎流,食之如腐。城门上所包铁皮,尽为所唼引。"

大熊猫属于食肉目熊科的一种哺乳动物。体色为黑白两色。大熊猫是我国特有物种,全世界野生大熊猫现存大约1600只,由于生育率低,加上对生活环境的要求相当高,在我国濒危动物红皮书等级中被评为濒危物种,为中国国宝。

大熊猫体型肥硕似熊,但头圆尾短,憨态可掬,非常可爱。头部和身体毛色绝大多数为黑白相间,即鼻吻端、眼圈呈"八"字排列、两耳、四肢及肩胛部横过肩部相连成的环带为黑色,其余头颈部、躯干和尾为白色。腹部淡棕色或灰黑色。

大熊猫体长1.2米至1.8米,体重60千克至125千克。前掌除了5个带爪的趾外,还有一个第六趾拇指。背部毛粗而致密,腹部毛细而长。

已知的大熊猫的毛色共有3种:黑白色、棕白色、白色。生活在陕西秦岭的大熊猫因头部更圆而更像猫,被誉为国宝中的"美人"。

大熊猫主食竹子,属于杂食动物,除了竹子以外,非常喜欢吃苹果。也嗜爱饮水,因此大多数大熊猫的家园都设在溪涧流水附近,就近便能畅饮清泉。

大熊猫除发情期外,常过着独栖生活,昼夜兼行。雄体之间的巢域有重叠现象,雄体的巢域略大于雌体。雌体大多数时间仅活动于三四十公顷的巢域内,雌体间的巢域不重叠。食物主要是高山、亚高山上的50种竹类,偶尔食用其他植物。

大熊猫栖息的长江上游各山系的高山深谷,为东南季风的迎风面,气候温凉潮湿,它们是一种喜湿性动物。它们活动的区域多在坳沟、山腹洼地、河谷阶地等。这些地方土质肥厚,森林茂盛,箭竹生长良好,构成了一个气温相对较为稳定、隐蔽条件良好、食物资源和

大熊猫"三猫行"

水源都很丰富的优良食物基地。

从发现的化石看，在漫长的历史发展过程中，大熊猫的发展经历了始发期、成长期和鼎盛期，现在开始进入了衰败期。因此必须加强对大熊猫的保护。

四川大熊猫栖息地主要包括7处自然保护区，分别是：卧龙自然保护区、四姑娘山自然保护区、蜂桶寨自然保护区、喇叭河自然保护区、黑水河自然保护区、夹金山自然保护区以及草坡自然保护区等。

卧龙保护区面积达20万公顷，是我国建立最早、栖息地面积最大、以保护大熊猫及高山森林生态系统为主的综合性自然保护区，是四川大熊猫栖息地最重要的核心保护区。

卧龙自然保护区以"熊猫之乡""宝贵的生物基因库""天然动植物园"而享誉中外。

卧龙保护区建立了世界上第一个大熊猫野外生态观察站，中外科学家采用无线电跟踪等手段，对大熊猫个体生态、种群以及大熊猫主食竹类进行研究，取得了可喜的成果。

卧龙保护区内有各种兽类50多种，鸟类300多种，此外还有大量的爬行动物、两栖动物和昆虫等。

■ 静卧的大熊猫

箭竹 禾本科，秆小型，少数为中型，粗可达0.05米；秆挺直，壁光滑，故又称滑竹。散生竹，壁厚，节隆起，每节具多枝。箨鞘厚纸质，绿或紫红色，背面常密被暗棕色直立刺毛。我国特有竹种，仅分布于湖北省、四川省。为大熊猫食物。

■ 懒洋洋的大熊猫

区内分布的大熊猫约占总数的十分之一。

四姑娘山保护区位于四川省阿坝藏族自治州小金县境内，属邛崃山脉，面积48500公顷，由横断山脉中4座毗连的山峰组成，根据当地藏民传说，为4个美丽的姑娘所化，因而得名。

四姑娘山区内生态条件复杂多样，生物群落类型多样，植被垂直带谱明显，物种十分丰富。

本区是典型的高山草甸动物类群分布区，动物种类丰富，垂直分异十分明显，已发现的脊椎动物有54科270多种，其中列为国家重点保护的野生动物有小熊猫、牛羚、金丝猴、白唇鹿、雪豹、绿尾虹雉等。

在西藏神话的传说中，有4位年轻牧羊女为从一只饥饿的豹口中救出大熊猫而被咬死的故事。别的大熊猫听说此事后，决定举行一个葬礼，以纪念这4位姑娘。

那时，大熊猫浑身雪白，没有一块黑色斑纹，为了表示对死难者的崇敬，大熊猫们戴着黑色的臂章来

小熊猫 又名红熊猫、红猫熊、九节狼等，是一种濒危的哺乳类动物，体形肥胖，全身呈红褐色，四肢呈棕黑色，体毛长而蓬松，栖居在树洞或石洞中。夏季喜欢在河谷地区活动；冬季蹲伏在山崖边或树顶上晒太阳。小熊猫生活在我国西南地区海拔两三千米的亚高山丛林之中。

参加葬礼。

在这感人的葬礼上，大熊猫们悲伤得痛哭流涕，它们的眼泪竟与臂章上的黑色混合在一起淌下，它们一擦，黑色却染出了大眼点，它们悲痛得揪自己的耳朵抱在一起哭泣，结果身上却出现了黑色斑纹。

大熊猫们不仅将这些黑色斑保留下来作为对4位姑娘的怀念，同时，也要让自己的孩子们记住所发生的一切。它们把这4位牧羊女变成了一座4峰并立的山。这座山就是后来矗立在四川卧龙自然保护区的"四姑娘山"。

蜂桶寨保护区位于宝兴县境内的夹金山下，主要保护大熊猫及森林生态系统。保护区面积达40000多公顷，区内群山连绵，河谷纵横，竹林茂密。

蜂桶寨保护区还是大熊猫、金丝猴等标本的采集地。从宝兴采到的金丝猴标本，曾经引起世界生物学界的巨大兴趣。从此，宝兴被誉为"采集圣地"。

喇叭河保护区始建于1963年，面积共23872公顷，位于夹金山东南麓，处在绵延起伏的龙门山、邛崃山脉的南缘，是四川盆地向川西高

大熊猫在"摔跤"

原过渡的高山深谷地带。

区内动物种群以扭角羚及水鹿两种种群数量大，分布在区内的大部分区域，大熊猫分布在从索棚沟至石板沟的广大区域内，但种群数量较少。

黑水河保护区地处成都平原和川西高原接壤地带，保护区总面积450.2平方千米，动植物资源丰富。

夹金山保护区野生大熊猫约240只左右。雅安市夹金山脉地区向国家先后提供的活体大熊猫，占国家调用的全国野生大熊猫总数中的近一半和我国赠予外国的"国礼"大熊猫的2/3，是国际上野生大熊猫的最大供给地。

■ 大熊猫在爬树

夹金山脉大熊猫栖息地还是大熊猫等脊椎动物与珙桐等高等植物的模式标本产地。

■ 大熊猫

草坡保护区位于四川省阿坝藏族羌族自治州汶川县境内，总面积55678公顷。同卧龙自然保护区一样，草坡保护区地处我国大熊猫分布的五大山系的中心地带，位于邛崃山系东麓，以保护大熊猫及其生态系统为主。

大熊猫栖息地除了以上

保护区外,周围的一些景区也有部分大熊猫出现。其中青城山都江堰景区位于成都平原西北边缘的都江堰市。这里山清水秀、生态绝佳、历史悠久,曾作为四川大熊猫栖息地的一部分被列入世界自然遗产名录。

邛崃市天台山景区位于四川省邛崃市西南端,属邛崃山脉,景区面积达192平方千米。景区气候温和,雨量充沛,动植物种类丰富,有国家保护的珍稀动物大熊猫、红腹角雉、大鲵等。

西岭雪山景区位于大邑县西部边缘,地处邛崃山脉中段,属青藏高原东部边缘和成都平原过渡地带。景区自然资源丰富,植物种类多达3000余种,其间常有大熊猫、牛羚、金丝猴、猕猴、云豹、鸡等珍稀动物出没。

灵鹫山大雪峰景区位于芦山县林区,面积300平方千米,是距成都较近的一片可供游览观光的雪山、高山、草原和原始森林等多种景观区,这里是"大熊猫走廊"。

大风顶景区位于乐山市马边县境内,地处四川盆地和云贵高原的过渡地带,是以保护大熊猫及其生态环境为主的森林和野生动物类型自然保护区。

大熊猫走廊 就是在已经建成的大熊猫保护区之间,为提高大熊猫基因交流的能力,而建立起的四通八达的走廊带。四川省率先在芦山县和荥经县建立大熊猫自然保护区,重点实施对大熊猫等珍稀濒危物种的保护。

■ 大熊猫在吃竹叶

大猫熊以极为稀少的数量引起人们的深切忧虑和关注,在这种严峻形势面前,我国政府和人民以及有关国际组织、科学团体和科学家们都在积极地投入对大熊猫的保护和科学研究工作,以探索出科学有效的保护方法,开拓出新的保护局面,使大熊猫摆脱濒危的境地,得以永续繁衍,与人共存。

　　经过多年努力,大熊猫的保护工作,取得了可喜成就。大熊猫种群数量下降趋势基本得到控制,有的保护区种群数量还略有增长。

　　大熊猫及其栖息地保护工程的实施,对大熊猫野生种群的延续,发挥了重大作用。大熊猫异地保护工程,也取得了巨大进展,饲养繁殖大熊猫的成活率有着显著提高,这就证明人工饲养的大熊猫种群是能够得到维持和发展的。

　　大熊猫异地保护工程的实施,有力推动了人工饲养种群数量的增

年老的大熊猫

独自玩耍的大熊猫

长，意义非常重大。

　　大熊猫专家认为，栖息地的整体保护有助于改善大熊猫栖息地的"破碎化"和"岛屿化"现象，将为大熊猫放归野外创造有利条件。

　　被人们尊为"国宝"的大熊猫，有着可爱的面孔、蓬松的皮毛、顽皮的动作和几乎像人一样的进食姿态，这使它成为世界上最逗人喜爱的动物之一。就连世界自然基金会成立时，也把大熊猫图像作为会旗和会徽。

　　大猫熊常常担负"和平大使"的任务，带着中国人民的友谊，远渡重洋，到国外攀亲结友，深受各国人民的欢迎。大熊猫已成为了我国人民情谊的"友好使者"与"和平使者"的象征。

　　大熊猫作为世界濒危保护物种的象征，除了科学和生态上的特殊价值外，还被赋予了道德和伦理等多种内涵。我们人类的繁衍发达，社会的文明进步是同自然界的万物相伴相生的。当我们人类处于古猿

■ 大熊猫

阶段的时候，大熊猫也已在地球上存在了。

在保护大熊猫的历程中，我国人民培育和形成了对包括自己在内的自然中的一切生物与自然关系的价值取向，那就是爱心、同情、仁慈和友善，它反映了人与自然一种新的关系。

阅读链接

相传远古时候，大熊猫是黄龙的坐骑，它经常驮着黄龙云游四方，驱邪降魔。

有一天，黄龙预感到大地将要发生重大的变化，到时要山崩地裂，沧海变桑田，食肉动物将难以生存，于是就规劝大熊猫修心吃素。

温驯的大熊猫听从了黄龙的规劝，改吃箭竹。后来地质变化，与熊猫同属食肉动物的剑齿虎等都因觅食困难，逐渐灭绝了，唯有改吃箭竹的大熊猫适应环境生存了下来，成为稀世珍宝和古生物的活化石。

西藏芒康——滇金丝猴

芒康滇金丝猴自然保护区，位于西藏自治区东部昌都地区芒康县境内南北走向的横断山区中部的芒康山，南接滇西北的云岭山脉。

保护区主要保护对象为国家一级保护动物滇金丝猴、斑尾榛鸡、马来熊、绿尾虹雉等珍惜濒危动物及其生态系统。现有滇金丝猴种群

可爱的滇金丝猴

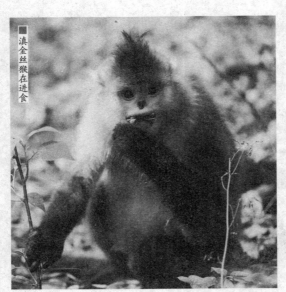

滇金丝猴在进食

数量约500只。

保护区地形相对高度大、纬度较低、地形破碎。山高、谷狭、坡陡，裸露岩石与山底原始森林交叉镶嵌是保护区最为典型的地貌特点。

著名的澜沧江、怒江、金沙江等大河奔腾于深山峡谷中。

保护区由于受西南季风影响，冬季气候温暖、晴朗和干燥；夏季，来自印度洋孟加拉湾的西南季风暖湿气流和来自太平洋的东南季风暖湿气流相遇，在此形成降水。年降水和温度的分布极不均匀，具有典型的山地气候特点。

保护区气候温凉，森林植被保存较好，除阳坡有较大面积高山栎灌以外，阴坡及众多支沟中都生长着原始的云杉和冷杉林，并混生有落叶松与大叶杜鹃。

自然景色呈明显的垂直地带规律，不同海拔分布着不同植被，是芒康红松的故乡，是植物的王国。

森林类型有阔叶林、针阔混成林、高山草甸等。分布着云南红豆杉、油麦吊云杉、云杉、冷杉、红松、雪松、高山松、高山柳、红柳、白柳、山杨、云松、高山草甸等珍贵林木。

由于地形地貌的特殊性，造成气候、土壤和森林植被类型的多样性，这为野生动物种类的扩展提供了条件，使保护区内孕育了众多的野生动物资源。

保护区内除濒危动物滇金丝猴外，还发现了云豹、雪豹、斑尾榛鸡、绿尾虹雉等国家一类重点保护动物；小熊猫、猞猁、马来熊、藏马鸡、鹦鹉、秃鹰等国家二类保护动物。

滇金丝猴数量在全国不超过800只至1000只，仅分布在南北长约200千米，东西不到40千米的云南德钦县、芒康县非常狭窄的区域内。

在云南境内仅有350只至450只，而西藏境内就有570至690只，滇金丝猴结群生活，每群均在100只以上。各猴群的领地比较固定，人们比较容易接近。

保护区内有3个家族的滇金丝猴，以滇藏公路214线为分界线，可分为两个片区。西片小昌都境内红拉山的一个家族；东片徐中乡的比拉卡、卡拉、那弟贡、玛龙普、重重普等地的两个家族。

滇金丝猴，又称黑仰鼻猴，也因背部黑褐色，腹部白色，于是有人又称之为黑猴或花猴。

滇金丝猴虽名为"金丝猴"，实际并无金黄色的

> **红豆杉** 俗名紫杉、神木，红豆杉属红豆杉科。云南红豆杉是我国4种红豆杉之一，是以云南为中心分布区的地方特有物种，主要分布在滇西的保山市、腾冲县，滇西北的中甸、丽江、维西一带。云南红豆杉是常绿乔木，高可达20米，雌雄异株。

滇金丝猴的"家庭会议"

毛。身体较川金丝猴稍大，体长0.7米至0.8米，尾相对较短，略等于体长，约0.5米至0.7米，但比较粗大。

身体背面、侧面、四肢外侧，手、足和尾均为灰黑色。在背面并具有灰白色的稀疏长毛，颈侧、腹面、臀部及四肢内侧均为白色。此外，它是地球上最大的猴子，体重可达30多千克。

滇金丝猴主要吃果子及云杉、桦木等树的嫩芽、幼叶，松罗秋贝母成熟时，它们也挖食贝母、蘑菇。冬季，大雪封山后，它们也转到村边农田或家畜草堆上抓食麦秆。

滇金丝猴的生态行为极为特殊，终年生活在冰川雪线附近的高山针叶林中，哪怕是在冰天雪地的冬天，也不下到较低海拔地带以逃避极度寒冷和食物短缺等恶劣的自然环境因素，对农作物也总是"秋毫无犯"，因而是灵长类中最有趣的物种之一。

滇金丝猴社会是一夫多妻制，猴群没有猴王，各个家庭之间友好相处，又往往保持着互不相犯的默契。每个家庭都有一只强壮的公猴

惊愕的滇金丝猴

滇金丝猴在觅食

承担保护任务，它往往占据树上的有利位置，时刻保持高度警觉，准备驱逐来犯之敌。

在滇金丝猴社会，幼猴是猴群之间联系感情的唯一纽带，它们可以突破猴群之间互不相犯的戒律，聚在一起玩耍。

天真的幼猴有时甚至敢拉住大公猴的尾巴荡秋千，大公猴也不会对它发怒，但亚成年猴却不行，它们胆敢越雷池半步，就会遭到大公猴的严厉呵斥。

滇金丝猴大多在原始森林里嬉闹玩耍，群猴吵闹声响彻山林，对坡观望，遍山树梢摇动，甚为奇观。

滇金丝猴还具有一张最像人的脸，面孔白里透红，再配上它那当代妇女追求的美丽红唇，堪称世间最美的动物之一。就一个普通人的审美观念来说，滇金丝猴无疑是世界上最漂亮的动物。

亲眼目睹过这一生灵的人都会为其"美貌"所倾倒，赞叹不已。

可是迄今为止，有机会见到它的人寥寥无几，当今世上绝大多数人还想象不出滇金丝猴究竟是一种什么样的动物，甚至科学家们对它

■ 正在攀援中的滇金丝猴

川金丝猴 别名狮子鼻猴、仰鼻猴、兰面猴等，属灵长目，猴科，仰鼻猴属。体型中等，鼻孔向上仰，颜面部为蓝色，无颊囊。颊部及颈侧棕红，肩背具长毛，色泽金黄，尾与体等长或更长。毛质柔软，为我国特有珍贵动物，群栖高山密林中，为国家一级保护动物。

的了解也极为有限之时，这一物种已濒临灭绝。

在动物系统分类上，金丝猴属是现生灵长类中极为引人注目的一个类群。它在系统发育上处于旧大陆猴与猿之间的特殊分类地位。

因此，研究金丝猴对于人们认识和了解人类自身的进化历程有着特别重要的意义，因而金丝猴具有极高的学术研究价值。

金丝猴属中的4个物种，即滇金丝猴、川金丝猴、黔金丝猴和越南金丝猴，都已被列入世界濒危动物红色名单之中，其中滇金丝猴、黔金丝猴和越南金丝猴都是当今世界最濒危的25种灵长类物种之一。

这4种金丝猴当中除越南金丝猴仅分布在越南北部外，其余3种均为我国大陆特有分布种。因此，均应视为我国的"国宝"。

但由于一些地区人们滥猎滇金丝猴作为毛皮用，再加上不断采伐森林、毁林开荒以及放牧等行为，严重地破坏了滇金丝猴的栖息环境，从而导致社群分割，一些小的社群最后遭到蚕食绝灭。

从20世纪70年代以后，滇金丝猴保护引起了我国政府的高度重视。20世纪80年代，滇金丝猴保护区的建立，拉开了对这一珍稀濒危动物的保护行动序幕。

这些行动极大地推动了滇金丝猴的保护，再加上我国科学家前赴后继的科研努力及各种媒体的宣传报道，其全球生物多样性保护意义得到了世人的认可。

特别值得一提的是，自从滇金丝猴成为1999年昆明世界园艺博览会的吉祥物之后，滇金丝猴的知名度急剧上升。我国政府已经把"金丝猴保护工程"列入其15个野生动植物专项保护工程之一。

由于对滇金丝猴的认识很晚，对当地人的教育迫在眉睫。20世纪80年代以来，芒康县采取了一系列行之有效的保护措施，其中一方面利用影像宣教国家法规和保护野生动物的意义成为重点。

另一方面，对其栖息地的保护以禁止商业伐木为基础，采取迁地保护的办法，解决人与猴子争地的问题。由于保护措施得到落实，再加上当地百姓保护意识的提高，即将灭绝的滇金丝猴在芒康得到了有效的保护，滇金丝猴的种群数量有了明显上升。

阅读链接

有关滇金丝猴的研究可以追溯至一个世纪以前。

1871年，一个名叫大卫的法国人根据传闻报道了这种当时尚未科学命名的动物的存在。

1890年冬季，两名法国人索利和彼尔特在德钦县境内组织当地猎人捕获7只年龄性别不同的滇金丝猴，将其头骨和皮张送到巴黎博物馆。法国动物学家米尔恩·爱德华于1897年和1898年两次对这一物种给出其科学描述，并正式命名。

阿尔金山——双峰野骆驼

甘肃省安南坝野骆驼国家级自然保护区位于阿尔金山北麓阿克塞哈萨克族自治县境内，总面积近四十万公顷，属野生动物类型的自然保护区，是我国野骆驼的主要栖息地之一，主要保护对象是野骆驼等野生动物及其栖息环境。

保护区地貌以戈壁、荒漠、沙漠等为主。气候属典型的温带干旱

山脚下成群的双峰野骆驼

■ 双峰野骆驼特写

气候，干燥是这里气候的主要特征，年均蒸发量是降水量的60多倍，年均蒸发量接近或超过1630毫米，水资源比较缺乏。

保护区内主要植被以旱生、超旱生为主，共有高等植物24科68属116种，其中裸子植物1科1属3种，被子植物23科67属113种。有些区域灌木覆盖率甚至超过30%，为野骆驼生息繁衍提供了良好的自然环境。

保护区栖息的动物有双峰野驼、蒙古野驴、雪豹、盘羊、岩羊、鹅喉羚等多种珍稀动物。

双峰野驼群落作为第四纪遗留下来的化石动物，在地球上最恶劣的气候条件下艰难生存的珍奇动物，是世界上趋于灭绝的动物之一，属于国家一级保护野生动物。野骆驼的总数已远远低于大熊猫的数量，成为比大熊猫还要稀少的珍稀物种。

鹅喉羚 属典型的荒漠、半荒漠区域生存的动物，体形似黄羊，因雄羚在发情期喉部肥大，状如鹅喉，故得名"鹅喉羚"。国家二级重点保护野生动物，耐旱性强，以冰草、野葱、针茅等草类为食。鹅喉羚广泛分布于贺兰山东麓、西部半荒漠地区及东部鄂尔多斯台地。

■ 戈壁滩上的双峰野骆驼

在人口稀少的古代，野骆驼的分布范围应相当广泛，整个中亚到西亚东部的低海拔丘陵及平原区，都可能有野骆驼分布。

从发现的野骆驼骨架和历史记载的分布地点来看，东部可达陕西黄河，西部达里海，北部至贝加尔湖，南至青藏高原北部，这说明历史上野骆驼分布范围较大。

世界上野双峰驼仅分布在4个区域，加上非洲撒哈拉留存的野骆驼，全世界也不足1000峰。其中3个在新疆境内，即罗布泊无人区、阿尔金山北麓和塔克拉玛干沙漠；另外一个在中蒙边境阿尔泰戈壁。

4个分布区都处于干旱和极端干旱区，环境十分恶劣。

双峰野驼属大型偶蹄类动物，体形高大，和家养双峰驼十分相似。成年野驼体长约2.3米至3.4米，肩高约1.8米至2.3米，体重约600千克至700千克。

但双峰野驼体形俊俏，毛短，背部有小而直立的圆锥形双峰，峰尖毛短，呈淡灰色，峰间距约0.7米左右，前峰高0.25米，后峰0.2米。

双峰野驼头小，耳短，眼大且有双重眼睑和浓密的长睫毛，还能自动关闭。上唇中央有裂，吻部毛色稍灰，鼻孔自动闭合，鼻孔内有瓣膜可防沙尘和吸收空气中的水分。顶鬃毛短，颈部鬃毛短呈棕褐色，颈部毛短呈棕黄色，毛尖呈棕灰色，四肢、臀部毛短呈棕黑色。

双峰野骆驼全身有浓密而柔软的绒毛，毛色多为淡棕黄色，尾较短，长约0.4米至0.5米，尾毛，棕黄色，尾尖，呈灰色。

双峰野骆驼的四肢细长，与其他有蹄类动物不同，第三、四趾特别发达，趾端有蹄甲，中间一节趾骨较大，两趾之间有很大的开叉，是由两根中掌骨所连成的一根管骨在下端分叉成为"丫"字形，并与趾骨连在一起。外面有海绵状胼胝垫，增大接触地面部分的面积，因而能在松软的流沙中行走而不下陷，还可以防止足趾在夏季灼热、冬季冰冷的沙地上受伤。

双峰野骆驼的胸部、前膝肘端和后膝的皮肤增厚，形成7块耐磨、隔热、保暖的角质垫，以便在沙地上跪卧休息。驼掌生有宽厚而又柔韧的肉垫，胸部和膝部有角质坚韧的肉垫，起、卧时起到支撑身体的作用。

扁平的四蹄可在山地、沙地和雪地中起稳定作用，使其行走自如，故有"沙漠之舟"的美称。

双峰野骆驼栖息于海拔1千米至3千米的干旱、寒冷、荒漠、半荒漠山区和沙漠中，以红柳、芨芨草、芦苇、骆驼刺、白刺、梭梭、野葱等的枝叶为食，能耐饥渴及冷热，能喝又苦又涩的咸水，吃饱后静

■ 行走在草原上的双峰野骆驼

卧反刍。

双峰野驼性情温驯，胆小谨慎，适应性强，视觉很好，能辨别各种色彩。而且其机灵敏捷、听觉灵敏，很细微的声音也能听得到，奔跑速度较快而且有持久性，时速可达每小时40千米至60千米，是很难捕捉和难以接近的动物。

双峰野骆驼从生态地理特征讲，属于亚洲中部极端干旱区域的特有动物，对极端干旱环境的适应性表现在耐旱和逐代传递信息寻找水源的能力方面。

其栖息地不仅是远离人群活动区的环境严酷地域，同时也是天敌难以存活的地带，自卫能力仅靠躲避，远离侵扰。

双峰野骆驼属群居动物，活动时一般以10多峰大小不等的集群为规模。每个种群由一峰成年的母驼带领几峰或10多峰其他母驼和一些未成年幼驼组成。

每个种群一般有固定的活动区域，一般觅食范围在20千米至50千米之内，季节转换时才进行几百千米的长途迁徙。

双峰野骆驼的繁衍是在自然的优胜劣汰中进行的，能够适应严酷环境的个体就存活了下来，其他的便自然死亡被无情淘汰。另外，公

■ 静卧的双峰野骆驼

■ 双峰野骆驼在凝视远方

幼驼一旦到了3岁左右，就会被驱逐出种群，去别的种群过流浪生活。

双峰野骆驼每年五六月份脱毛一次，脱毛时身体几乎裸露。双峰野骆驼的寿命一般在20年至35年左右。

过去曾有人认为驼峰是贮水的器官，但后来的研究表明，驼峰的结构主要是脂肪和结缔组织，隆起时蓄积量可以达50千克，在饥饿和营养缺乏时逐渐转化为身体所需的热能。

它还具有适当变化的体温，在傍晚时升高至40度，在黎明时则降低至34度，从而适应荒漠地带一天中较大的温差。

据说双峰野骆驼能够预感到风暴的来临，《北史》中就有记载：

且末西北有流沙数百里，夏日有热风，为行旅之患。风之所至，唯老驼预知之，即嗔而聚立，埋其口鼻于沙中。人每以为候，亦即将毡拥蔽鼻口，其风迅驶，斯须过尽，若不防者，必至危毙。

甘肃省阿克塞县安南坝双峰野骆驼自然保护区经常出没的双峰野骆驼共有7群，近200峰，约占我国野骆驼数的三分之一。

由于历史上人们占据了水草丰美的淡水区域，因而双峰野骆驼只能饮用盐水或劣质水来维持生命。

有的水源长期受风蚀等影响，如今已干涸或趋于干涸，因而双峰野骆驼只能长途跋涉去找水源，途中部分因年老体弱而死或遇狼而被害，这是导致种群数量下降的原因之一。

由于保护区气候干燥，再加上寒流和强降温天气的影响，造成植被覆盖率下降，野骆驼的食物出现短缺，这是导致双峰野骆驼种群下降的又一原因。另外，土壤碱化、退化及沙化对野骆驼栖息地环境也构成了严重威胁。

伴随着社会经济发展，采矿业也逐渐向荒漠中部无人区扩展。

在双峰野骆驼分布区铁矿、金矿的开采已深入到荒漠腹地，大量采矿人拥向这里，采矿不仅带来了一系列的环境问题，同时也对双峰野骆驼的活动带来了巨大的影响。

狩猎是导致双峰野骆驼种群数量迅速下降的另一原因。一些武装偷

■ 双峰野骆驼在呼唤同伴

迁徙中的双峰野骆驼

猎者,乘坐卡车或越野车明目张胆地进行猎杀活动,现存的双峰野骆驼为躲避人类而远涉荒漠深处,只能在那些人类极难进入的地方栖息。

作为一个独特的物种,双峰野骆驼已成为地球上比大熊猫更为珍稀的野生动物。

据中外科学家们调查发现,全世界的野骆驼只剩下不到1000峰,而且仅存于我国新疆、甘肃及这两个省区与蒙古国交界地带的荒漠戈壁地带极其狭小的地区,已成为极度濒危物种。因此,对于野生骆驼的保护已经迫在眉睫了。

为了进一步加强保护双峰野骆驼与其栖息环境,国家先后成立了新疆罗布泊、甘肃安南坝两个双峰野骆驼国家级自然保护区。

在甘肃省阿克塞县建立了一处融科研、监测、保护为一体的综合性保护监测站,建立一个系统化、规

双峰野骆驼特写

■ 草原上的双峰野骆驼

范化的野骆驼资源永续保护和开发机制,使双峰野驼种群重返昔日生机,成为全人类共同拥有的财富,避免这一物种从地球上灭亡。

安南坝双峰野驼保护区经过多年的保护,双峰野骆驼种群数量和生存环境都得到了改善,保护区内野骆驼储量由原来的70余峰发展到现在的200余峰。

阅读链接

野骆驼有极强的交配和生殖能力,交配季节是冬末,这时雄驼显得非常暴躁,不吃不喝,嘴吐白沫,发出刺耳的磨牙声,甚至连觉也不睡。雌驼孕期13个月,每胎一仔。

3岁以上已发情但未交配过的雌驼是雄驼的最佳选择对象,在经过艰辛的争夺和漫长的感情培育后,成双成对的双峰野骆驼便可享受甜蜜的"二人"世界,安心培育新的生命。

交配季节结束后,雄驼自行离群,独自生活。留下的雌驼中有一个成年雌驼领头自然成群,开始它们安宁的生活,等待来年喜悦分娩时刻的到来。初生幼驼当天就能直立行走,两三天之后可又跑又跳。

博格达峰——雪豹

博格达峰国家自然保护区位于新疆维吾尔自治区阜康市境内,天山博格达峰北麓,准噶尔盆地古尔班通古特沙漠的南缘,总面积2170平方千米。

保护区气候主要受西北高空气流的影响,山麓炎热,中、高山区湿润寒冷。从北部的古尔班通古特沙漠南缘的海拔440米,经三工河谷

在岩石上休息的雪豹

棕熊 也称灰熊。头大而圆，体形健硕，肩背隆起。主要栖息在寒温带针叶林中，食性较杂，植物包括各种根茎、块茎、草料、谷物及果实等；喜吃蜜，动物包括蚂蚁、蚁卵、昆虫、啮齿类、有蹄类、鱼和腐肉等。奔跑时速度可达56千米/时。

上行至博格达峰的5.4千米，相对高差达5千米，南北距离80千米的范围内。

包含着高山冰雪带、高山草甸带、亚高山草甸带、森林带、草原带、荒漠带、沙漠带诸多气候植被带，是研究荒漠生态系统及濒危动物雪豹等不可多得的理想场所。

保护区内分布有天山山地的各种动物，代表性的兽类有雪豹、棕熊、马鹿、狍、北山羊、野猪、盘羊、狼、狐、猞猁、水獭、石貂、扫雪、艾鼬等。鸟类中有石鸡、斑翅山鹑、暗腹雪鸡、柳莺、金额熊雀、红额金翅雀、朱雀等。

其中国家级保护动物有雪豹、马鹿、猞猁、暗腹雪鸡、北山羊、石貂、盘羊等。

雪豹又名草豹、艾叶豹，是一种美丽而濒危的猫科动物，因终年生活在雪线附近和皮毛雪白而得名。

雪豹体长1.1米至1.3米，尾长0.8米至0.9米，成年

■ 愤怒的雪豹

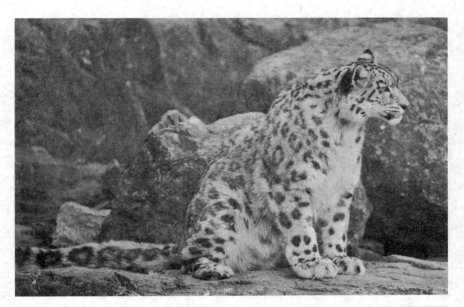

■ 窥视的雪豹

雪豹体重可达80千克，雄兽个体略大于雌兽。雪豹头小而圆，尾粗长，略短或等于体长，尾毛长而柔。

雪豹眼虹膜呈黄绿色，强光照射下，瞳孔为圆状。舌面长有许多端部为角质化的倒刺，舌尖和舌缘的刺形成许多肉状小突。

前足5趾、后4趾，前足比后足宽大，趾端具角质化硬爪、略弯，尖端锋利。趾间、掌垫与趾间均具有较浓而长的粗毛。雪豹前掌比较发达，因为其是一种崖生性动物，前肢主要用于攀爬。

雪豹周身长着细软厚密的白毛，上面分布着许多不规则的黑色圆环，外形似虎，尾巴比身子还长。

雪豹一般栖居在空旷多岩石的地方，经常在永久冰雪高山裸岩及寒漠带的环境中活动。它全身长毛之下又有着浓密的底绒，能够抵御严凛的风寒。

足垫和垫间的丛毛可以在冰雪地上防滑抗冻，当

马鹿　仅次于驼鹿的大型鹿类，因为体形似骏马而得名，身体呈深褐色，背部及两侧有一些白色斑点。马鹿生活于高山森林或草原地区，喜欢群居。夏季多在夜间和清晨活动，冬季多在白天活动，以各种草、树叶、嫩枝、树皮和果实等为食，喜欢舔食盐碱。善于奔跑和游泳。

夏季高山酷暑、阳光辐射在岩石上时又可以隔热挡灼烫。

雪豹平时独栖，仅在发情期前后才成对居住。一般有固定的巢穴，设在岩石洞中、乱石凹处、石缝里或岩石下面的灌木丛中，大多在阳坡上，往往好几年都不离开一个巢穴，窝内常常有很多雪豹脱落的体毛。

雪豹勇猛异常，善于在山岩上跳跃。它们把身体蜷缩起来隐藏在岩石之间，当猎物路过时，它们突然跃起来袭击。

雪豹巡猎时也以灌丛或石岩上作临时的休息场所，由于毛色和花纹同周围环境特别协调，形成良好的隐蔽色彩，很难被发现。

20世纪80年代，我国政府颁布的《国家重点保护野生动物名录》将雪豹定为国家一级保护对象。近年相继在有雪豹分布的地区建立或筹建了一批自然保护区，这些措施对我国保护和科学研究雪豹，起到了积极的推动作用。

阅读链接

在开展一系列保护行动的同时，一些关于雪豹的考察和研究工作也在开展。

"新疆雪豹研究"是我国一次较为重要的雪豹研究活动，由新疆自然保育基金启动，得到了国际雪豹基金会和世界自然基金会的资助。考察小组由中国、吉尔吉斯斯坦、印度、巴基斯坦、美国和英国等的专家共同参与，持续半年时间。

考察小组曾两次深入到新疆阿勒泰山、东天山等山区展开雪豹调查，通过对雪豹的各种痕迹进行分析来评估雪豹当前存在的数量及面临的威胁。考察内容包括应用红外线自动相机开展野外动物拍摄，记录雪豹活动规律、个体特征、数量以及对雪豹食物资源的调查。一些新的雪豹栖息地被陆续发现，这使得人类对雪豹的了解进一步加深，也为雪豹的保护工作提供了方向。

山水相依 东部动物保护区

　　我国东部濒临海洋，气候温暖湿润，有开阔的海滩和大片的湿地，适宜动物的生长和繁殖，有些动物甚至有着比人类更为久远的古老历史，有重要的科学研究价值，因此，我们要倍加珍惜和保护好这些珍贵的动物资源。

　　我国东部珍稀动物保护区主要有升金湖的白头鹤、安徽扬子鳄、盐城海滩丹顶鹤、东台中华鲟、安徽铜陵的淡水豚及江苏大丰的麋鹿等多个自然保护区。

升金湖——白头鹤

升金湖国家级自然保护区位于长江南岸，贵池市与东至县境的交界处，保护区面积约3400公顷，主要保护对象为白头鹤等越冬珍禽及湿地生态系统。

升金湖，因湖中日产鱼货价值"升金"而得名，曾称生金湖，也

绿草丛中的白头鹤

■ 升金湖暮色

称深泥湖，位于东至、贵池境内，东南群山环抱，西傍丘陵岗地，北滨江淮洲圩，湖水清澈如镜，沿湖烟树迷蒙，一派江南水乡的好风光。

升金湖是长江中下游极少受到污染的浅水湖泊，水质优良，水体稳定。

保护区以升金湖为主体，由升金湖及周围的滩地组成，区内水生生物资源极其丰富，生物种类繁多，有水生维管束植物38科84种、浮游植物22种。其中浮游动物13种、底栖动物23种、爬行类21种、鱼类62种。

丰富的生物资源为鸟类提供了充足的饵料，使升金湖保护区成为我国东部大型水禽重要的越冬地和迁徙停歇地。

保护区有鸟类142种，其中水禽84种，为含越冬水禽66种。属国家重点保护的野生动物22种，其中属一级保护的6种：白鹤、黑鹳、白头鹤、白鹳、大

白鹤 鹳科鹳属的大型涉水鸟。其羽毛以白色为主，翅膀具黑羽，成鸟具细长的红腿和细长的红喙。其具两个亚种，大小略有不同。为长途迁徙性鸟类。白鹤为食肉动物，其食性广，包括昆虫、鱼类、两栖类、爬行类、小型哺乳动物和小鸟。觅食地大部分为具低矮植被的浅水区。

鸨、白肩雕；属二级保护的野生动物16种：穿山甲、豹猫、白琵鹭、黄嘴白鹭、小天鹅、白额雁、白枕鹤、灰鹤、白尾鹞、红隼、鸢、乌雕、胭脂鱼、虎纹蛙等。

　　该保护区是世界上白头鹤、白鹳的最大种群的越冬地之一。有的年份白头鹤越冬数量超过500只，占我国总数的三分之一；部分年份白鹳在此越冬数量超过450只，占我国总数的四分之一。

　　白头鹤也称锅鹤、玄鹤、修女鹤，是常见的一种鹤，是我国一类保护动物。

　　它体型娇小，性情温雅，机警胆小，不易驯养。白头鹤高1米左右，体重约3.5千克，体长约0.9米。它除了额和两眼前方有较密集的黑色刚毛，从头至颈是雪白的柔毛外，其余部分体羽都是石板灰色。

　　白头鹤栖息于河口、湖泊及沼泽湿地。

　　每年4月份开始繁殖，筑巢于沼泽湿地。每窝产卵两枚。孵卵期约30天，幼鹤80天后具飞翔能力。

白头鹤在繁殖地吃大量的山酸果蔓，特别是沼泽中的一种植物越橘。夏天还吃昆虫、蛙和鲵，但主食物仍为植物性食物。在越冬地主要吃稻、小麦、大麦等谷物，也吃软体动物和昆虫。白头鹤有时与灰鹤在同一地区营巢，又共同迁徙。

白头鹤是鹤类家族中行踪隐秘的成员。特别是繁殖期，有很多鲜为人知的故事。白头鹤4岁至5岁达到成熟。一旦组成家庭，夫妻关系十分稳定。

一般夫妻年龄略有差异，雄性大于雌性1岁以上。他们几乎终年形影不离。每年4月初，带着上一年的幼鸟，从越冬地迁回到北方老家的森林湿地。

白头鹤最倾注精力的是，他们要用31天左右时间来孵化两枚蛋宝宝。一般夫妻轮流孵卵，只是雌鸟更积极一些。无论是低温风雪、大雨倾盆，还是烈日当空，他们都始终尽职尽责地呵护着他们的未来。

在孵卵过程中，白头鹤有许多相互关爱的场面。每当换孵时先是

■ 升金湖保护区

升金湖

悄悄细语，巢上的值班鹤缓缓走下，并不断从身边拾取枯枝草叶添加到巢上，以示责任尚在、配偶并不孤独。继任者轻轻上巢，时而理羽，时而拨卵，显得轻松自在和信心十足。

因此，人们把白头鹤誉为"爱情鸟"，就连赠送友人的结婚纪念品都要印上："以鹤为媒白头偕老"。

白头鹤具有良好的卫生习惯。它们每天要用大量时间梳理羽毛，确保"衣冠整齐"。它们在孵卵时，常常修补整理爱巢。

它们从不在巢周围排便，孵卵的成鸟即使再着急，也总是到同一固定地点，那就是巢的水流下游约5米至8米处排便。所以白头鹤的巢，没有任何异味，也十分整洁。

白头鹤在采食过程中很有"君子风度"，从不暴饮暴食。无论食物多寡，它们总是一粒一粒地拣、一口一口地吃。人们常用鹤来象征长寿、用鹤来比喻高雅，这是不无道理的。

升金湖自然保护区内气候温和，无霜期长，环境污染小。湖里有鱼类66种，软体动物18种，水、湿生植物62种，大量越冬候鸟排出的粪便补充了湖区的肥力，使植物生长更为繁茂，又促进了鱼类及软体动物的生长，湿地生态系统呈现良性循环。

每年入冬后，升金湖上水浅滩出，成千上万只候鸟时而互相追逐、时而高空翻飞、时而湖中踏水，场面蔚为壮观。

据不完全统计，每年入冬后有近10万多只候鸟飞抵升金湖栖息越冬，升金湖也成了名副其实的候鸟天堂。

升金湖曾被列为国家重点水禽自然保护区，又被编入《亚洲重要湿地名录》，受到亚洲湿地局和世界湿地水禽调查局等国际保护管理机构的关注。

为了加强对白头鹤的保护，有关部门把繁殖地、迁徙途经地和越冬地的沼泽湖滩，与水利、农业、渔业和自然保护等各项工作协调起来，进行统一管理。

在相关季节，严禁人们在白头鹤栖息地放牧、狩猎、捕鱼、割苇，以减少人类活动的干扰。在稻田越冬地要求保持稻田积水的深度，调控稻田积水，要求及时排除洪涝，严禁施放烈性农药污染土壤和白头鹤的食物。

为了切实保护好升金湖这块"宝地"，保护区不断加大对区域的生态保护，积极宣传有关法律法规，使得这里的生态环境逐步改善，环湖人们的保护意识也不断增强。

阅读链接

白头鹤在广阔的生满苔藓的沼泽地营巢，在4月下旬到5月上旬产卵，6月初孵化。

白头鹤配偶仪式为婚舞与对唱。雄鹤叫声为两声一度，雌鹤为一长一短。在对唱时张开三级飞羽，头颈反复伸长，这种鹤每巢产两枚卵。孵化主要由雌鹤担任，雄鹤只在早晚替雌鹤孵40分钟至1个小时。5月下旬小鹤相续孵出，孵出3天雏鹤即可离巢活动。

安徽宣城——扬子鳄

　　安徽扬子鳄自然保护区1982年建立，1988年批准为国家级自然保护区，总面积43000余公顷。保护区位于安徽省广德、宣州、南陵、郎溪、泾县5个县市，是我国最大的扬子鳄保护基地。

　　扬子鳄因生长于我国长江中下游而得名，是世界濒危物种，与举世闻名的大熊猫一样，被视为"国宝"。

　　保护区为皖南山区向长江沿岸平原的过渡区，区内多河漫滩，湖沼、丘陵山涧的滩地、山塘和堤坝。

■伏在草丛中的扬子鳄

　　区内气候温和，年平均温度18度，四季分明，春天气温多变，秋天十分凉爽，雨量充沛，年降雨量为1000毫米左右。

　　这里的水阳江、青弋

■ 扬子鳄

江两条河流周围有百余条支流，沟、塘、溪、坝星罗棋布，海拔300米以下的沟、塘、山洼、水库和沼泽地，是扬子鳄生存栖息的理想场所。

扬子鳄是我国特有的爬行动物，世世代代生活于我国的长江流域各地，有着比人类更为久远的古老历史。早在甲骨文中就有有关鼍的记载，鼍即是扬子鳄。

春秋时代的诗歌总集《诗经》的《大雅·灵台》中，也有"鼍鼓蓬蓬"的诗句。意思是说，鼍叫起来像敲鼓一样发出"砰、砰"的声响。

东汉许慎的《说文解字》，西晋张华的《博物志》，明朝李时珍的《本草纲目》等典籍中，都有有关扬子鳄的记载。

因为扬子鳄的外貌非常像中国传说中的动物"龙"，所以俗称"土龙"或"猪婆龙"。

扬子鳄是一种现存鳄类中体型很小、行动最迟

水阳江 长江下游南岸主要支流之一，发源于安徽省和浙江省交界处的天目山山区，上游称西津河，下游分为东西两支，西支与青弋江相连，东支在当涂太平口注入长江。水阳江干流全长254千米，流域面积10305平方千米。

三叠纪 始于距今2.5亿年至2.03亿年，延续了约5000万年。海西运动以后，许多地槽转化为山系，陆地面积扩大，地台区产生了一些内陆盆地。这种新的古地理条件导致沉积相及生物界的变化。从三叠纪起，陆相沉积在世界各地，尤其在我国及亚洲其他地区都有大量分布。

钝、性情最温驯的鳄类。它与美国的密西西比鳄是近亲，它们的近祖所处年代可追溯至距今8000万年前的白垩纪，远祖所处年代可追溯至两亿年前的三叠纪。

扬子鳄是一种古老的爬行动物，属于恐龙家族的近亲，大约在两亿年以前就在地球上生存，现存数量稀少，几乎濒临灭绝。

在古老的中生代，它和恐龙一样，曾经称霸地球，后来，随着环境的变化，恐龙等许多爬行动物绝灭了，而扬子鳄和其他一些爬行动物却一直繁衍生存至今天。

扬子鳄的故乡在我国的长江流域。它的祖先曾经是陆生动物，后来，生存环境的变化，迫使扬子鳄学会了在水中生活的本领，所以，它具有水陆两栖动物的特点和广阔的活动天地。

距今六七千年前，浙江余姚河姆渡一带曾有分

■ 扬子鳄在捕食

■ 处在繁殖期中的扬子鳄

布，直至唐代，江南诸省如浙江、江西、湖南、江苏以及安徽、湖北部分地区都有扬子鳄，当时不但分布广，而且数量也比较多。

扬子鳄与同属的密西西比鳄相似，但是体型要小许多。成年扬子鳄体长很少超过2.1米，一般只有1.5米长。体重约为37千克。

鳄鱼是脊椎动物，属脊椎类中的爬行动物。淡水鳄生活在江河湖沼之中，咸水鳄则集中在温湿的海滨。

它们的头部相对较大，鳞片上具有更多颗粒状和带状纹路，眼睛呈土黄色。全身长满角质鳞片，长长的尾巴呈侧扁形，四肢短，前肢5趾，后肢4趾，趾间有蹼。

背部暗褐色，腹部灰白色。尾长而有力，在水中既能推动身体前进，又是自卫和攻击的武器。

扬子鳄为亚热带变温动物，穴居，每年10月下旬

河姆渡 我国南方早期的新石器时代遗址，全国重点文物保护单位，位于距宁波市区约20千米的余姚市河姆渡镇，面积约4万平方米，1973年开始发掘，是我国目前已发现的最早的新石器时期文化遗址之一。它出土的文物深深地震撼着整个世界。

至次年4月初，它潜伏穴中冬眠，不食不动。在活动季节的阴雨天也伏洞中，晴天则喜出来晒太阳，以提高体温。

扬子鳄在巡猎时，仅露出位于吻部尖端的鼻子和高过头顶的眼睛，藏起布满角质鳞盔甲的身躯，无声无息迅速地接近猎物，然后猛地向前一冲，张开腭裂极深的大嘴，咬住猎物。长而有力的尾巴还可以挥出水面，出其不意地袭击岸边的牲畜。

扬子鳄为食肉动物，喜食螺、蚌、鱼、蛙、鼠、鸟之类的小型动物。消化力强，耐饥力也很强，可半年不进食。

扬子鳄只有在繁殖期才趴在一起，在非繁殖期则分居。雄鳄发情时会发出叫声，雌鳄也随之以叫声相应，具有一呼一应的特点。

雌鳄在7月上旬便开始搭窝，7月中下旬产卵，卵的大小似鸭蛋，一次产卵约30枚。

9月中下旬，幼鳄孵出后，便由雌鳄带领觅食。幼鳄难以在一个月内觅得足够的食物，因此，幼鳄成活率很低。

扬子鳄喜在丘陵溪壑和湖河的浅滩上挖洞筑穴，不过这种爬行动

扬子鳄在捕食

扬子鳄在等待猎物

物却离不开水。它在陆地上动作笨拙迟缓，一旦到水里，却如鱼得水。而这种水陆两栖的特点，导致了扬子鳄的悲惨命运。

扬子鳄筑穴的浅滩多被开垦为农田，丘陵植被被大量破坏，丘陵地带的蓄水能力大大降低，干旱和水涝频繁发生，使扬子鳄不得不离开其洞穴，四处寻找适宜的栖息地。这种迁移过程又为自然死亡和人为捕杀创造了机会。

扬子鳄多年来遭到大量的捕杀，洞穴被人为破坏，卵被捣坏或被掏走。而化肥农药的使用也大大减少了扬子鳄的主要食物水生动物的数量。目前扬子鳄分布范围缩减到江西、安徽和浙江三省交界的狭小地区。

为拯救这一物种，在安徽宣城建立了扬子鳄自然保护区和繁殖研究中心，专门进行野外保护和人工养殖。经过10多年的努力，人工繁殖扬子鳄已经获得成功。

从1982年第一批鳄卵孵化成功至今，人工孵化的扬子鳄大概在15000条左右，目前生活在安徽扬子鳄保护区内的就有10000多条，使扬子鳄的种群得到较大幅度的增长，初步解除了该物种灭绝的危险。

草丛中的扬子鳄

我国"扬子鳄村"是在原有长兴扬子鳄保护区的基础上扩建的,不仅包含了扬子鳄自然繁育研究中心,而且野外适宜扬子鳄生活栖息的丘陵地、山坳、河流、温滩等地也都划为保护区范围。

现在,扬子鳄村繁殖中心已有老少三代扬子鳄4000多条,古老的物种如今又喜获新生,人类又从濒临毁灭的边缘夺回了一个宝贵的物种资源。

第二次世界自然保护大会采纳了我国保护扬子鳄的决议,并启动了世界支持计划,协助阻止野生扬子鳄的灭绝。保护条款包括建立保护剩余野生种群的激励机制和将捕获饲养的扬子鳄重新放回到合适的保护区内。

阅读链接

2011年12月4日,在广德卢村乡高庙村的河道涵洞处发现了一条较大的成年扬子鳄,几个村民合理将其"擒获"。

接警后,广德县森林公安分局迅速出警,经实测,该扬子鳄重约30千克,长1.83米,背部呈暗褐色,皮肤上覆盖着大的角质鳞片。

考虑到扬子鳄已经进入冬眠期,现在野外放生不易存活,森林公安在当地村民的配合下,交由宣城扬子鳄保护中心进行越冬保护救助,计划次年气温回暖后再放回原地。

据悉,该处属于卢湖水域,多次发现过扬子鳄,只是这次发现的是最大的一条。

盐城海滩——丹顶鹤

盐城国家级珍禽自然保护区位于江苏省盐城市的射阳、大丰、滨海、响水、东台五县市的沿海地区。

海岸线长580千米，面积45万公顷，是我国最大的沿海滩涂湿地类型的自然保护区，是禽类生活的理想场所，主要保护动物有国家一级珍禽丹顶鹤等。

历史上古黄河和长江都曾在保护区南北两端入海，长江和黄河携

■ 翩翩起舞的丹顶鹤

■ 天空中飞翔的丹顶鹤

带大量泥沙沉积形成废黄河三角洲。

保护区北端海岸侵蚀，中南部淤积长，全区每年淤积成陆900公顷。滩涂北窄南宽，呈带状分布，宽处可达15千米。

保护区为里下河主要集水区，有10多条河流流经保护区入海。如灌河、中山河、扁担港、射阳河、黄沙港、新洋港、斗龙港、王港、竹港、川东港、梁垛河、新港等。

夏季多雨，上游河水下泄后，多形成滩涂涝灾，冬季多干旱。遇干旱年份，潮位较低，滩涂多因缺水而发育极其良好。

保护区属暖温带与北亚热带过渡地带，气候温和，雨量充沛，四季分明。区内芦苇茂密，绿草如茵，整个保护区像一块绿色的毛毯漂浮在黄海边上，特别适宜鸟类栖息、生长和繁殖，被世界生态学家誉为禽鸟的"王国"。

黄河三角洲 以山东省东营市垦利县宁海为轴点，北起套尔河口，南至淄脉河口，向东撒开的扇状地形。三角洲属温带季风型大陆性气候，四季分明，光照充足，区内自然资源丰富，以保护黄河口原生湿地生态系统和丹顶鹤、白头鹤等珍稀濒危的鸟类为主体。

保护区动物种类繁多，区内有鸟类379种，两栖爬行类45种，鱼类281种，哺乳类47种。

其中属于国家一级保护的有丹顶鹤、白头鹤、白鹤、白鹳、黑鹳、中华秋沙鸭、遗鸥、大鸨、白肩雕、金雕、白尾海雕、白鲟共12种；属于国家二级保护动物的有獐、大天鹅、白琵鹭、黑脸琵鹭、小青脚鹬、鸳鸯、灰鹤、鹊鹞、斑海豹等。

此外，这里也是国际濒危物种黑嘴鸥的重要繁殖地。区内还分布着众多的国家二级保护动物河鹿，数量之多为我国之最。

这里是全世界最大的丹顶鹤越冬地，每年金秋10月，一群群丹顶鹤便从黑龙江省齐齐哈尔市扎龙自然保护区成群结队飞到这里越冬，最多时有300多只，最少年份也有300多只。于是这里成了世界上最大的野生丹顶鹤群集结地。

丹顶鹤是鹤类中的一种，因头顶有"红肉冠"而得名。

> **滩涂** 海滩、河滩和湖滩的总称，指沿海大潮高潮位与低潮位之间的潮浸地带，河流湖泊常水位至洪水位间的滩地，时令湖、河洪水位以下的滩地，水库、坑塘的正常蓄水位与最大洪水位间的滩地面积。在地貌学上称为"潮间带"。

> **黑嘴鸥** 鸥科鸥属的鸟类。头和上颈黑色，眼下白色小斑，背、肩及腰淡青灰色，下颏、胸及腹白色。主要以鱼、虾及水生昆虫等为食。它是我国稀有的保护动物，具有重要科研价值。

■ 寻偶的丹顶鹤

丹顶鹤是东亚地区特有的鸟种，体态优雅、颜色分明。丹顶鹤身长约1.2米至1.5米，翅膀打开约两米，丹顶鹤具备鹤类的特征，即嘴长、颈长、腿长。嘴为橄榄绿色。

成鸟除颈部和飞羽后端为黑色外，全身洁白，头顶皮肤裸露，呈鲜红色，长而弯曲的黑色飞羽呈弓状，覆盖在白色尾羽上。

一般从外形是不易区别雌雄的，但丹顶鹤鸣声的音调和频率会因性别、年龄、行为、环境条件的不同而有很大的差异。雄鸟鸣声洪亮，鸣叫时嘴直向天空，并高举翅膀。

还有繁殖期的雄鸟在与雌鸟对鸣时，头部朝天，双翅频频振动，在一个节拍里发出一个高昂悠长的单音，雌鸟的头部也抬向天空，但不振翅，在一个节拍里发出两三个短促尖细的复音。

这种"二重唱"不仅是对爱情的表白，也是对企图入侵者的警告，而且还能促使雄鸟和雌鸟性行为的同步，保证繁殖的成功。

雏鸟的鸣叫声主要有索取食物、保持联系和出于某种生理需要等含义。丹顶鹤的鸣声非常嘹亮，作为明确领地的信号也是发情期交流

丹顶鹤在觅食

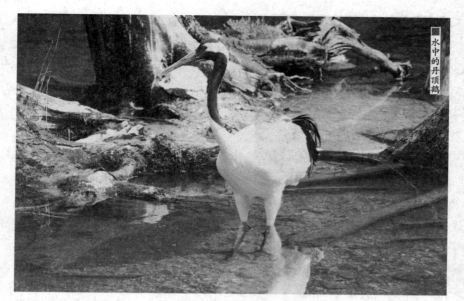

水中的丹顶鹤

的重要方式。

丹顶鹤具有吉祥、忠贞、长寿的寓意。丹顶鹤是单配鸟类，当一对丹顶鹤夫妻中，有一只不幸死去，另一只会独居一生直至老死，不会再娶再嫁。所以自古人们就把丹顶鹤作为对爱情忠贞不渝的象征。

丹顶鹤的栖息地主要是沼泽和沼泽化的草甸。食物主要是浅水的鱼虾、软体动物和某些植物根茎。也栖息在湖泊河流边的浅水中，芦苇荡的沼泽地区，或水草繁茂的有水湿地，以利于隐蔽。

为加速丹顶鹤的人工繁殖和驯化，保护区建立了鹤类驯养繁殖中心。江苏沿海生态自然博物馆收集有各种鸟类、兽类标本。特禽养殖场等均已具备了相当的规模。

保护区内的特禽养殖场已取得了丹顶鹤等人工孵化及越冬半散养的经验，因而现在任何时候到保护区，都可以看到这类珍禽。

保护区建立以来，取得了很大的成就，同时也付出了巨大的代价。建区初期，为防运输途中列车的震动破坏蛋内胚胎，工作人员硬是用手捧着塞满棉絮的纸箱经过了几天几夜的颠簸，从黑龙江运回正

丹顶鹤在觅食

在孵化的两枚丹顶鹤卵。并从最初的两只丹顶鹤开始，繁殖至今天已有了150多只。

一位名叫徐秀娟的幼鹤保育员为搭救一只受伤掉进河里的丹顶鹤献出了年仅20岁的生命。

为纪念这位长眠在保护区、为保护区的发展和建设作出贡献的姑娘，盐城市内的望海大酒店门前矗立着一座徐秀娟雕像。同时盐阜大地还流传着一首歌曲《丹顶鹤的故事》，传颂着她的感人事迹。

近年来，国家有关部门组织进一步采取了查清丹顶鹤在长江下游的越冬地和数量分布以及环境质量，在盐城沿海滩涂加强控制开发强度及工业污染等措施，因而，丹顶鹤等禽类的栖息环境将得到进一步的改善，数量将会进一步增加。

阅读链接

丹顶鹤在我国历史上被公认为是一等的文禽，清朝文职一品胸前绣制的图案即是鹤。

其实，传说中的仙鹤，就是丹顶鹤，它是生活在沼泽或浅水地带的一种大型涉禽，常被人冠以"湿地之神"的美称。它与生长在高山丘陵中的松树毫无缘分。但是由于丹顶鹤寿命长达五六十年，人们常把它和松树绘在一起，作为长寿的象征。

殷商时代的墓葬中，就有鹤的形象出现在雕塑中。春秋战国时期的青铜器钟，鹤体造型的礼器就已出现。道教中丹顶鹤飘逸的形象已成为长寿、成仙的象征。在我国古代的传说中，仙鹤都是作为仙人的坐骑而出现的，可见仙鹤在中国人心中的印象是相当有分量的。

东台岸滩——中华鲟

东台中华鲟自然保护区位于江苏东台市,保护区面积10000多公顷,其中核心区0.14万公顷,岸滩养殖基地约47公顷,保护地约1.1万公顷。

这里滩青水秀,环境优美,气候温和,资源丰饶,主要保护对象

深水中的中华鲟

> **生境** 指生物的个体、种群或群落生活地域的环境，包括必需的生存条件和其他对生物起作用的生态因素。生境是指生态学中环境的概念，生境又称栖息地。生境是由生物和非生物因子综合形成的，而描述一个生物群落的生境时通常只包括非生物的环境。为了避免混乱，识别生境的这两种用法很重要。

为国家一级保护动物中华鲟。

这里海域水流缓平，食物丰富，尤其是滩面的沙蚕、泥螺以及水中的鱼虾成为鲟鱼食之不厌的活食。

这里又是长江水、黄河水和太平洋海水的交汇活水区，海底近百个大小沙洲绵延相连，数百条宽窄不一、深浅各异的槽沟呈扇形直通大洋深处，成为中华鲟进出大海的通道。

中华鲟自然保护区有着独特的自然景观，也有着顶级的生态系统，科学界首次在这里发现的蜻蜓新品种，证明了保护区是典型的生境。

区内还有顶级生态系统的指示生物水母，有地球之肺的滩涂，有迷人的沙滩、奇沙、蓝天、白云等，它们以各自娇媚，镶嵌在黄海海区，为中华鲟保护区增添了无限风光。

保护区现有野生动物701种，其中无脊椎动物220

■ 中华鲟在水底游玩

■ 畅游在水底的中华鲟

种，脊椎动物481种。远古以来，中华鲟一直是我国特有物种。一到春夏季节，野生中华鲟都会结伴来此水域栖息育肥。

中华鲟是一种大型的溯河洄游性鱼类，是我国特有的古老珍稀鱼类，是世界现存鱼类中最原始的种类之一。被誉为"水中的大熊猫"和"长江鱼王"。

远在公元前1000多年的周代，就把中华鲟称为王鲔鱼。

中华鲟又称鳇鱼，体长可达5米，体重500多千克，为世界27种鲟属鱼类之首。体呈纺锤形，头尖吻长，口前有4条吻须，口位在腹面，有伸缩性，并能伸成筒状，体被覆5行纵行排列骨板，背面一行，体侧和腹侧各两行，每行有棘状突起。

中华鲟骨骼介于软骨与硬骨之间，骨骼的骨化程度普遍地减退，中轴为未骨化的弹性脊索，无椎体，随颅的软骨壳大部分不骨化。

生态系统 指由生物群落与无机环境构成的统一整体。最大的生态系统是生物圈；最为复杂的生态系统是热带雨林生态系统。生态系统是开放系统，为了维系自身的稳定，生态系统需要不断输入能量。生态系统是生态学领域的一个主要结构和功能单位，属于生态学研究的最高层次。

■ 游动的的中华鲟

尾鳍为歪尾型，偶鳍具宽阔基部，背鳍与臀鳍相对。腹鳍位于背鳍前方，鳍及尾鳍的基部具棘状鳞。

中华鲟食性非常狭窄，属肉食性鱼类。在江中主要以一些小型的或行动迟缓的底栖动物为食，在海洋主要以鱼类为食，甲壳类次之，软体动物较少。河口区的中华鲟幼鱼主食底栖鱼类蛇鳗属和蛹属及虾和蚬类等。

中华鲟属海栖洄游性大型鱼类，每年9月至11月间，由海口溯长江而上，到金沙江至屏山一带进行繁殖。孵出的幼仔在江中生长一段时间后，再回到长江口育肥。

每年秋季，当中华鲟溯江生殖洄游时，在各江段都可看到很多的中华鲟，故有"长江鱼王"之称。

中华鲟产卵量很大，一条母鲟一次可产百万粒鱼卵，只是成活率不高，最后成鱼的仍为少数。因为长

洄游 鱼类运动的一种特殊形式。也是一种周期性运动，每年重复进行。通过洄游，更换各生活时期的生活水域，以满足不同生活时期对生活条件的需要，顺利完成生活史中各重要生命活动。洄游的距离随种类而异，有的要远游几千千米的距离。

江水流较急，在动荡的水浪中进行受精，自然受精不完全，这就淘汰了一批鱼卵。

受精卵在孵化过程中，或遇上食肉鱼类和其他敌害，又要损失一大批。孵成了小鱼，还会有一定的损失。如此一来，下的鱼卵虽多，能"长大成鱼"而传宗接代的鱼却不多。

因中华鲟特别名贵，外国人也希望将它移居自己的江河内繁衍后代，但中华鲟总是恋着自己的故乡，即使有些被移居海外，也要千里寻根，洄游到故乡的江河里生儿育女。

在洄游途中，它们表现出了惊人的耐饥、耐劳、识途和辨别方向的能力，所以人们给它冠以闪光的"中华"两字。

中华鲟是地球上最古老的脊椎动物，和恐龙生活

脊椎动物 指有脊椎骨的动物，它是脊索动物的一个亚门。这一类动物一般体形左右对称，全身分为头、躯干、尾3个部分，有比较完善的感觉器官、运动器官和高度分化的神经系统。包括鱼类、两栖动物、爬行动物、鸟类和哺乳动物五大类。

伏在河床上休息的中华鲟

■ 中华鲟在觅食

在同一时期。中华鲟在分类上占有极其重要地位,是研究鱼类演化的重要参照物,在研究生物进化、地质、地貌、海侵、海退等地球变迁等方面均具有重要的科学价值和难以估量的生态、社会及经济价值。

据统计,长江上游每年可产中华鲟两三万千克。但由于近年来捕捞过多,加之繁殖率低、成熟期长,其种群数量已日趋减少。为使中华鲟免遭灭顶之灾,有关部门已把中华鲟列为保护对象。

自长江葛洲坝截流以后,保护区与农业部门共同采取了一系列措施对中华鲟进行保护。

实行全江禁捕和限制科研用鱼,将中华鲟的管理纳入法制轨道。国家先后投资支持湖北省、四川省在长江沿岸建立渔政站,并帮助渔民转产转业。

《野生动物保护法》出台后,中华鲟被列入国家一级保护名录。严格执行了全江禁捕,从而保护了母鲟和幼鲟洄游,最大限度地保存了产卵种群。

长江水产研究所、湖北省水产局、宜昌市水产研究所等单位组成的中华鲟人工繁殖协作组开展中华鲟科研，进行人工增殖放流活动，取得了葛洲坝下中华鲟人工孵化的成功，此后不久便开始向长江增殖放流中华鲟苗和幼苗。

开展了广泛的宣传和教育活动，集中全社会力量来保护中华鲟。在沿江各级人民政府及其渔业行政主管部门以及广大人民群众的共同努力下，全社会保护中华鲟的意识日益提高，沿江渔民误捕中华鲟后均能自觉放生，发现不法分子偷捕能举报，市场上经营中华鲟的行为已经绝迹了。

近年来的研究表明，由于对中华鲟采取了全面保护的对策，从而延缓了中华鲟资源衰退的进程，基本保全了溯河产卵亲体，为中华鲟自然繁殖、研究和增殖放流打下了基础。

中华鲟物种数量已开始回升，让中华鲟这一珍稀物种得以长期生存繁衍下去。

阅读链接

中华鲟的化石最早发现于中生代三叠纪的地层，很多种类在地球的演变的长河中灭绝了，只有极少数残存至今，而且主要分布在北半球的北部。

目前全世界已为人们认识的共有25种，其中我国分布的有8种。在我国的辽宁和河北也曾于晚侏罗纪到白垩纪地层中发现过它们的化石。

由于我国地域辽阔，生态环境丰富多彩，鲟形目鱼类的种类和数量都比较丰富，分布范围广泛，北至黑龙江、额尔齐斯河，南至珠江以及我国沿海大部分近岸海区都曾有过它们的分布记录，只是随着纬度的降低，其种类和数量都略有减少。

铜陵夹江——淡水豚

铜陵淡水豚自然保护区位于安徽省铜陵、枞阳和无为县的长江江段的夹江上。夹江水色秀丽,水道曲折迂回,风景宜人,是白鳍豚和长江江豚的理想栖息地。该区主要保护对象是白鳍豚、江豚、中华鲟、达氏鲟、白鲟和胭脂鱼等。

浮出水面的白鳍豚

■ 在水中嬉戏的白鳍豚

根据古生物学家们通过化石考证，白鳍豚在第三纪中新世及上新世就已经出现在长江流域。化石记录着原白鳍豚在大约2000多万年前的古老形状，与现今的白鳍豚相比变化不大。

白鳍豚依然保留着不少原白鳍豚的骨骼位置。白鳍豚之所以进化缓慢，可能是因为过去的生存竞争或环境变化较少的缘故，从而保留了祖先的古老形状，因此被称为"活化石"。

白鳍豚，也称"淡水海豚"，鳍豚科，属我国一级保护野生哺乳动物。

白鳍豚的体形呈纺锤形，身长约2米至2.5米左右，体重可达200千克以上。

成年白鳍豚一般背面呈浅青灰色，腹面呈洁白色。当由水面上向下看时，背部的青灰色和江水混为一体。当由水面下向上看时，白色的腹部和水面反射的强光颜色相近。

江豚 鼠海豚科的一个物种。江豚属于国家二级保护动物。一种小型鲸类，鼠海豚科江豚属仅有的一种，主要特点是没有背鳍，背部自体前五分之二至尾鳍之间有不明显的隆起，隆起上有鳞状皮肤，全身均为淡蓝灰色，这些均与鼠海豚属不同。

深水中的白鳍豚

这种使其他动物难以辨认的体色称为反隐蔽保护色，使得白鳍豚在接近敌害或猎物时能够不被察觉。

白鳍豚皮肤光滑细腻，富有一种特殊的弹性，原理与竞赛式游泳衣着中使用具有弹性的尼龙织料相同，能够减少在水中快速游动时身躯周围产生的湍流。

它的尾鳍扁平地分为两叉，两边的胸鳍呈扁平的手掌状，背鳍呈三角形。这鳍给白鳍豚提供了优良的水中游动时方向与平衡的控制力，再加上光滑高弹性的皮肤与流线型的身躯，白鳍豚在逃避危险的情况下可达很高的游速。

由于长期生活在浑浊的江水中，白鳍豚的视听器官已经退化。它眼小如笔尖，耳孔似针眼，位于双眼后下方。但声呐系统极为灵敏，头部还有一种超声波功能，能将江面上几万米范围内的声响迅速传入脑中。一旦遇上紧急情况，便立刻潜水躲避。

白鳍豚在水中主要以发射声呐接收信号来识别物体。白鳍豚的上呼吸道有着3对独特的气囊与一个形似鹅头的喉咙，但是因为生存于水中靠水发音,所以并没有陆地动物在空气中发音所需要的声带。

用特制的水听器,可以听到白鳍豚发出的"的答""嘎嘎"等数十种不同的声音。

白鳍豚发出的声音常为两声一对,发出声音后会安静地等待着回声,从而辨出自己与产生回声的阻碍的距离和大小,并且考虑是否游向目标。它又会在收到回声后的不久发出新的一对声音,稍候又安静一阵等待回声。

第二次回声收到后,它便可以分析出目标游动的方向与速度,白鳍豚就是这样如人造声呐般地做回声定位。用这独特的声呐系统,它时常还可以在江底的淤泥中捕捉食物,也可以发出人耳听不见的高频率音波,与10多千米外的同伴联系。

白鳍豚喜欢群居,尤其在春天交配季节,集群行为更明显。每群一般2头至16头。其活动范围广,但对水温条件要求较高,经常在一个固定区域停留一段时间,待水温条件发生改变后,又迁入另一地域。

白鳍豚喜欢生活在江河的深水区,很少靠近岸边和船只,但它时

白鳍豚

常游弋至浅水区，追逐鱼虾充饥。

它的吻部细长，上下颌长有130多枚圆锥形的同型齿，可它却懒得咀嚼，只管张口吞下鱼食，消化能力很强。白鳍豚往往成对或三五成群一起活动，但人们很少有机会看到它，只有在它露出水面呼吸时才能瞥见一眼。

但白鳍豚生性胆小，很容易受到惊吓，一般都远离船只，很难接近，加之其种群数量很少，活动区域广阔，所以在野生状态下对白鳍豚的研究十分有限。

白鳍豚的生存年代已有2000多万年的历史，远比国宝大熊猫还要古老和珍稀，故有"水中大熊猫"之称。

近些年来，长江渔业资源不断减少，航运业飞速发展，大型水利工程不断兴建，工业污染日趋严重，白鳍豚的生态环境日益恶化，造成了白鳍豚数量锐减，近年来种群数量下降极快。

据报道，1980年代初有400多头，1986年减至300头，1990年调查时有200余头，至1993年为130余头，至1995年不足100头。

■露出水面的白鳍豚

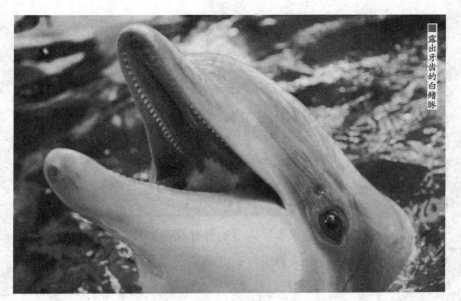

露出牙齿的白鱀豚

进入2000年的时候，白鱀豚大概仅剩二三十头了，被列为世界级的濒危动物。

2000年12月，安徽省人民政府批准在安徽省铜陵白鱀豚养护场基础上建立铜陵淡水豚类省级自然保护区。

2003年6月，国家环保总局批准建立国家环境保护长江重点水生野生动物保护中心。

2006年2月，国务院批准将铜陵淡水豚类省级保护区晋升为国家级自然保护区。

2008年8月，铜陵淡水豚国家级自然保护区管理局正式成立。

新成立的铜陵淡水豚国家级自然保护区管理局与国家环境保护长江重点水生野生动物保护中心实行两块牌子，一套人马，合署办公。

保护区经过多年建设，现已初具规模，有一支高素质的专业技术队伍，各项基础设施建设完备，近年来，在江豚迁地保护方面做出了一定成绩，实现了世界上首例人工管护下江豚的繁殖。

另外，保护区还对铜陵淡水豚国家级自然保护区内的退化滩涂湿

■ 喜欢群居的白鳍豚

地进行植被恢复，以进一步发挥湿地养育物种、控制污染的功能。同时认真做好夹江水质的监测工作，定期消毒，并限制人为活动，防止污染物对水体的影响，为长江淡水豚种群恢复提供可能。

保护区安排专人值班，日夜巡逻，防止有人在夹江偷鱼，进而伤害白鳍豚。同时增加喂食的次数，能有效地抵御寒冷。当遇到健康状况不好的豚，科研人员立即对症下药，及时对其进行治疗。

阅读链接

白鳍豚的大脑表面积要比海豚的大，大脑的重量约占总体重量的0.5%，其中平均一只重95千克的雄豚，大脑重470克。这重量已接近大猩猩与黑猩猩的大脑重量。甚至某些学者认为白鳍豚比黑猩猩或长臂猿还要聪明。

白鳍豚有着独特的大脑系统，可以使大脑的一半休息，另一半觉醒。成熟的白鳍豚的大脑每天有七八小时属于半睡半醒状态，其余时间全脑觉醒。半睡半醒状态下，白鳍豚会在水面漂浮。

大丰滨海——麋鹿

大丰麋鹿国家级自然保护区位于江苏省大丰市东南，面积78000公顷，是世界上占地面积最大的麋鹿自然保护区，拥有世界最大的野生麋鹿种群，建立了世界最大的麋鹿基因库。

保护区为典型的滨海湿地，主要湿地类型包括滩涂、时令河和部

自然保护区中的麋鹿

■ 溪边觅食的麋鹿

分人工湿地。还有大量林地、芦荡、沼泽地、盐裸地和森林草滩。

一片连着一片的红果盐蒿尽显眼前，构成了一幅令人陶醉的生态风景画。

保护区有高等植物240多种，主要为禾本科、菊科、莎草科、豆科、藜科植物。植被为盐生草甸、盐土沼泽、水生植被，还有人工林、人工牧草及半熟土抛荒地。

区系成分复杂，但群落发育较年轻。植被演替迅速，生境稳定性较差。有世界分布属的芦苇、苔草、碱蓬、盐角草等；北温带分布属有拂子茅、鸢尾及罗布麻等；泛热带分布属狗牙根；热带亚洲及热带大洋洲分布属结缕草；地中海及中亚分布属獐毛以及南温带与北温带间断分布的雀麦属等。

保护区有兽类14种，鸟类182种，爬行两栖类27

盐蒿 为藜科一年生草本植物，又名碱蓬、龙须菜等。自然生长在黄海滩涂上，富含人体所需的胡萝卜素，碘，铁，食物纤维等微量元素，是一种天然的绿色保健蔬菜。另外，盐蒿还有药用功效，它含有降血脂的成分。

种，昆虫299多种。其中国家保护动物一级有麋鹿、白鹳、白尾海雕、丹顶鹤等；二级有河麂等23种。

保护区有千余头从英国引进的麋鹿，物种丰富多样，具有显著的生态价值、社会价值和经济价值。

麋鹿是一种大型食草动物，体长约两米，尾长0.6米至0.7米。雌性体形比雄性略小，一般麋鹿体重120千克至180千克左右。

角较长，每年12月份脱角一次。雌麋鹿没有角，雄性角多叉似鹿、颈长似骆驼、尾端有黑毛。

麋鹿角形状特殊，没有眉叉，角干在角基上方分为前后两枝，前枝向上延伸，然后再分为前后两枝，每小枝上再长出一些小叉，后枝平直向后伸展，末端有时也长出一些小叉，最长的角可达0.8米。倒置时能够三足鼎立，是在鹿科动物中独一无二的。

麋鹿颈和背比较粗壮，四肢粗大。主蹄宽大能分开，趾间有皮腱膜，有很发达的悬蹄，行走时带有响

白尾海雕 又叫白尾雕、芝麻雕、黄嘴雕等，是大型猛禽，体长0.82米至0.91米，体重2.8千克至4.6千克。体羽多为暗褐色，后颈和胸部的羽毛为披针形，较长，头部、颈部的羽色较淡，为沙褐色或淡黄褐色，嘴、脚黄色。尾羽呈楔形，为纯白色，与其他海雕不同，并因此得名。

■ 树荫下的麋鹿

沼泽 是指地表过湿或有薄层常年或季节性积水，土壤水分几达饱和，生长有喜湿性和喜水性沼生植物的地段。广义的沼泽泛指一切湿地；狭义的沼泽则强调泥炭的大量存在。沼泽地是纤维植物、药用植物、蜜源植物的天然宝库，是珍贵鸟类、鱼类栖息、繁殖和育肥的良好场所。

亮的磕碰声。侧蹄发达，适宜在沼泽地中行走。

夏毛红棕色，冬季脱毛后为棕黄色；初生幼仔毛色橘红，并有白斑。尾巴长用来驱赶蚊蝇以适应沼泽环境。

麋鹿以青草和水草为食物，有时到海中衔食海藻。麋鹿好合群，善游泳，再加上宽大的四蹄，非常适合在泥泞的树林沼泽地带寻觅青草、树叶和水生植物等食物。

雌麋鹿的怀孕期比其他鹿类要长，一般超过9个半月，而且每胎只产一仔。

麋鹿是我国特有的动物，也是世界珍稀动物。栖息活动范围在现今的长江流域一带。长江流域是人类繁衍之地。

生息于此的麋鹿自然成了人们为获得食物而大肆猎取的对象，致使这一珍奇动物的数量急剧减少，其野生种群很快便不复存在了。

早在3000多年前的周朝时，麋鹿就被捕进皇家猎

■ 水中的麋鹿

麋鹿群

苑，在人工驯养状态下一代一代地繁衍下来。

直至清康熙、乾隆年间，在北京的南海子皇家猎苑内尚有200多只。这是在我国大地上人工环境中生活的最后一群麋鹿。根据大量化石和历史资料推断，野生麋鹿大概在清朝就濒临灭绝的境地。

在世界动物保护组织的协调下，英国政府决定无偿向我国提供种群，使麋鹿回归家乡。

1985年提供22只，放养到原皇家猎苑北京大兴区南海子，并成立北京南海子麋鹿苑。1986年又提供39只，在江苏省大丰麋鹿国家级自然保护区放养。1987年又提供18只。

大丰麋鹿国家级自然保护区经过两年的"引种扩群"和10年的"行为再塑"两个阶段后，保护区从1998年开始着手实施拯救工程的第三个阶段："野生放归"。

10年间4次放归53只麋鹿，经过多年艰辛探索，野生麋鹿逐年递增。经过多年的跟踪观察和监测，麋鹿的野生行为不断恢复，它们在野外具有较强的识别能力和自然保护意识，连续3年在完全自然的情况

■ 水边的麋鹿

下成功产仔，并全部成活。

多年来，其他国家麋鹿数量没有明显的变化，而大丰麋鹿种群数量已增长了25倍，其野生种群数量，繁殖率和存活率均居世界首位。经过繁衍扩大，现已达到1600多只，结束了数百年来麋鹿无野生种群的历史。为此，麋鹿就此被列为珍稀物种，这是麋鹿保护过程中的又一座里程碑。

保护区的建立，使麋鹿结束了近一个世纪的海外漂泊生涯，开始它的回归故乡，重返大自然的新生活。

多年来，科技人员经过精心观察和饲养，逐步掌握了麋鹿的发情、交配、产仔、脱角、生茸、换毛、觅食等生理行为和活动规律，以及鹿体的麻醉保安技术和各种疾病的有效防治措施，使阔别祖国近百年的"海外赤子"，每年以22.7%的速度迅猛递增，如今麋鹿的总数已由39只增殖至355只，其繁殖速度和成活率均居世界前列，现已成为世界最大的野生麋鹿群。

阅读链接

麋鹿保护区的工作人员在全国麋鹿分布相对集中和比较分散的地域对它们进行了深层次的观察，发现了麋鹿到山上的树林中栖息和一头雌麋鹿同时哺乳3只小仔鹿以及麋鹿大量采食大米草等活动行为。

这一重大发现，是我国研究麋鹿工作的新突破，对推动我国野生动物保护事业发展，促进相关学科的研究，都有重要的现实意义。

南方动物保护区

暖风温存

我国南方以亚热带季风性湿润气候为主，森林植被类型以常绿阔叶林及常绿落叶阔叶混交林为主，丰富的自然地理环境孕育了无数的珍稀野生动物。

这些珍贵的野生动物资源既是人类宝贵的自然财富，也是人类生存环境中不可或缺的重要组成部分。因此，保护这些珍稀动物是我们的责任。

我国南方珍稀动物保护区主要有海南坝王岭黑长臂猿、云南大山包黑颈鹤及广东惠东港口海龟等自然保护区。

坝王岭——黑冠长臂猿

坝王岭自然保护区位于海南省昌江县东南部,保护区总面积约2300公顷。这里山岳连绵,群峰叠翠,林海浩渺,古木参天,自然生态系统保存完整,热带生物资源极其丰富。

■黑冠长臂猿在食野果

■ 黑冠长臂猿在树枝上休息

在这个五彩缤纷的野生果园林里，生活着几群受到人们保护的黑冠长臂猿，是我国唯一的黑冠长臂猿自然保护区。

保护区内植物种类繁多，山地垂直带谱明显，层间植物丰富，附生植物发达，高山榕是一种附生植物，它结出又红又甜的果子让飞鸟啄吃，飞鸟吞下果子，通过粪便四处传播，高山榕由此获得生长领地的不断扩大。

同时，各种野果树满山皆是，有馒头果、山石榴、山竹子、乌墨、青果榕、山橄榄、毛牡丹、野荔枝等，这些为黑冠长臂猿的生存提供了良好的条件。

保护区内珍稀野生动物很多，除黑长臂猿外，还有云豹、黑熊、水鹿、穿山甲、巨松鼠、椰子猫、灵猫、果子狸、飞鼠、孔雀雉、白鹇鸡、山鸡、啄木鸟、猫头鹰、飞鹰、山鹧鸪、蟒蛇、巨蜥等，均属珍稀动物之列。

高山榕 桑科，属本地乡土树种，常绿大乔木，树高可达15米。春天，大的叶芽出现在枝梢，随后浅绿色的叶绽开，而此时不显眼的花苞片跌落满地。挂果如小小西红柿般大，由青绿变黄，成熟后变为红色的浆果，可食。高山榕生性强健，树姿丰满，能抵强风，移栽容易，适于作为行道树、园景树和庭荫树。

黑冠长臂猿在玩耍

坝王岭自然保护区的黑长臂猿现有4群20余只，为中型猿类，体矫健，体重7千克至10千克，体长0.4米至0.5米，前肢明显长于后肢，无尾。

坝王岭黑冠长臂猿的命名，是因为它们头上长有一顶"黑帽"。

黑冠长臂猿雌雄异色，公猿通体黑色，体形比母猿略小，头顶有短而直立冠状簇毛，如怒发冲冠；母猿全身金黄，体背为灰黄、棕黄或橙黄色，头顶有棱形或多角形黑色的冠斑，恰似戴了顶女式黑帽。雌雄均无尾，也无颊囊。

坝王岭黑冠长臂猿一生中要变换几次颜色。刚出生的小猿是黄色的，只有头顶正中有道黑线；半年后，会换上黑色的"童装"。至六七岁性成熟时，毛色才渐分雌雄，雌猿变成金黄色的着装，而雄猿却还是一身黑衣。雌猿由黑色变为黄色是一个渐进的过程，必须经过一年多的时间方可完成，这期间所呈现的，是一只不黑不黄的"灰猿"。

坝王岭黑冠长臂猿主要栖息于热带雨林和南亚热带山地湿性季风常绿阔叶林，其栖息地海拔约从100米至2500米，最喜欢在海拔600米以下低地热带雨林栖息。

但因低地雨林早在20世纪已经破坏殆尽，现在坝王岭长臂猿的分布也只能退到海拔650米至1200米间的山地雨林中，是已知长臂猿中分布海拔最高的一个种。

坝王岭黑冠长臂猿以多种热带野果、嫩叶、花苞为主要食物，偶尔也会吃点昆虫、鸟蛋等动物性食物。黑冠长臂猿极少下地饮水，主要靠饮叶片的露水，也会用手从树洞里掏水来喝。

坝王岭热带雨林里一年四季都有不同的野果成熟，可以给长臂猿提供充足的食物，而坝王岭黑冠长臂猿对甜美的野荔枝却情有独钟。

坝王岭被称为野荔枝之乡，每到成熟的季节，生长在沟谷中的高大的野荔枝树上火红的果实缀满了枝头，蔚为壮观。像人一样喜欢甜食的长臂猿自然不会错过机会，它们经常会到海拔较低的地方去享受这难得的美味。

挂在树枝上的黑冠长臂猿

坝王岭黑冠长臂猿的活动领域比较固定，无季节迁移现象。生性机警，晨昏活动，有固定的活动范围和活动路线。

坝王岭黑冠长臂猿是树栖猿类，在树上攀援自如，活动与觅食均在15米高大乔木的冠层或中层中穿越进行，很少下至5米以下的小树上活动。它没有固定的睡觉地点，也不会做窝。睡觉时蜷曲在树上，有时也会在树干上仰天而卧。

处在变色期的雌猿

成对的黑冠长臂猿

黑长臂猿活动时很少下地，也很少在树上用前肢爬，几乎所有活动都是在树枝上用前肢攀登，或在树枝间悠荡，可说是凌空跳跃，长臂攀揽自如，悠荡时只用前掌四指搭一把便腾跃而过，不必用拇指抓握，但爬树则要用拇指。

黑长臂猿与其他长臂猿不同之处在于它的种群较大，一般每群有6只至10余只。社群配偶制为"一夫多妻"制，即一只雄性和两只雌性组成。只有受到干扰的小群才是"一夫一妻"制。

黑长臂猿性成熟时，一年一胎，一胎一仔。产仔期约在每年的五六月，饲养寿命可达30余年。

它们以家族为主体群居和活动，它们相互间很有感情。每天破晓，便各自出来活动。每个家族都有固定的生活地盘，各自占据，不

攀援在树上的黑冠长臂猿

容它群侵入，一见异群就奋起争斗。

幼猿在1岁至6岁时随父母生活，至七八岁成熟后就寻配偶生育，组成新的群体。雌猿每胎单生，繁衍甚慢。

黑长臂猿是世界上现存的四大类人猿之一，其生活习性有与人类相似之处，骨骼、牙齿和生机结构也很像人，是动物学、心理学、人类学和社会学的重要实验动物。

在树枝上休息的长臂猿

在我国仅有海南岛和西双版纳有为数不多的群体，海南岛是主要产区，它们生活于坝王岭、五指山、尖峰岭等原始林中。

据资料记载，20世纪初，海南森林覆盖率达90%，全岛各县均有长臂猿分布。

20世纪50年代，森林面积达86万公顷，海南黑冠长臂猿分布于海南岛澄迈、屯昌一线以南12个县区，数量达2000多只。

在岩石上张望的黑冠长臂猿

20世纪60年代中期，黑冠长臂猿先后在6个县绝迹。而到了1983年，仅在鹦哥岭主峰两侧及黎母岭主峰的南坡有发现，约30只残存于20万亩天然林中，种群太多被隔离成岛状分布。

黑冠长臂猿对生存环境有很强的依赖性，只有在原始的季雨林中才能生存，在林种单一的人工林、砍伐过的次生林里，海南黑冠长臂猿都不能生存。

对生存环境依赖性强，而赖以栖身的原始森林不断遭到破坏，是海南黑冠长臂猿不断减少的重要原因。

随着人们大量砍伐和开垦天然林，岛上热带雨林大面积丧失，低海拔的热带雨林大部分被毁，残余的雨林也变成绿色"孤岛"，使海南黑冠长臂猿的栖息环境遭受破坏并逐渐恶化。

数量上稀少自然就产生了近亲繁殖，导致种群一代不如一代。多病无治，也是海南黑冠长臂猿濒临灭绝的因素。种群分布的不连续以及繁殖率低等原因，加速了海南黑冠长臂猿的灭绝。

但是对海南黑冠长臂猿生存危害最大的还是人类的猎杀。海南黑冠长臂猿以家庭为单元活动，一只被打，全家都逃不了，这使得海南黑冠长臂猿的数量急剧减少，濒临灭绝的边缘。

直至后来林业部门把斧头岭和坝王岭林区划作保护区，并开展了一系列的保护研究工作，才使得海南黑冠长臂猿得以在这最后的一小

独自玩耍的黑冠长臂猿

片家园里休养生息。

至20世纪90年代初，海南除了坝王岭自然保护区还有不到7只的黑冠长臂猿之外，其他地区的黑冠长臂猿都没有了踪迹。

经过数十年的艰苦保护，海南黑冠长臂猿才又呈现恢复增长趋势。

成对的黑冠长臂猿

海南黑冠长臂猿仅存于海南省坝王岭自然保护区这片面积只有2000公顷的热带山地雨林"孤岛"里，共4群18只，其中雌猿6只，雄猿和仔猿12只。

阅读链接

黑冠长臂猿每天的活动很有规律，会定时的高声鸣叫，这是它们一天当中必不可少的内容。

早上，天空还没亮透的时候，黑冠长臂猿群就开始第一次鸣叫。先是公猿的高声啼鸣，接着是母猿的喧闹和歌唱，整个过程有15分钟。声音高亢洪亮，能传到几千米之外，警告别的黑冠长臂猿群不要进犯。

开始时，雄黑冠长臂猿会跑到高枝上进行"领唱"，发出口哨般的长鸣，接着雌黑冠长臂猿、小黑冠长臂猿也会加入，发出短促而杂乱的"咯、咯"声。此时，黑冠长臂猿群中的两只雌黑冠长臂猿会非常激动，相拥着不停跳跃。

随后，在雄黑冠长臂猿的带领下，黑冠长臂猿群在自己的领地里觅食。至八九点时，在吃饱休息后，开始第二次鸣叫。接着又是一边巡视领地，一边取食。黑冠长臂猿群会在中午时分再叫一次。

大山包——黑颈鹤

云南大山包黑颈鹤国家级自然保护区位于云南省昭通市昭阳区西部的大山包乡，海拔在3千米至3.2千米，总面积19200公顷，以国家一级保护动物黑颈鹤及其生境为主要保护对象。

大山包是诸多河流的发源地，属长江上游金沙江水系，区内拥有

■云南黑颈鹤自然保护区

■ 在草场上觅食的黑颈鹤

高山沼泽草甸，也有多个水库。

区内湿地分布点较多，集中成片而且面积较大的湿地主要分布在跳墩河、大海子、勒力寨、秦家海子、燕麦地水库及畜牧站等地，其中以跳墩河和大海子面积最大。

草场宽阔，草甸沼泽星罗棋布，水草丰盛，空气清新，这些高山沼泽成了黑颈鹤主要的栖息地域。

保护区属亚高山沼泽化高原草甸湿性生态系统，植物区系属泛北极的植物区，区内有维管束植物56科，131属181种。其中蕨类植物9科，10属，11种；种子植物47科，121属，170种。

区内有动物10目28科68种。在大山包越冬的黑颈鹤属国家一级保护动物，已由原来的300只增加至几千只，还新纪录到国家一级保护动物白尾海雕。此外，还有国家二级保护动物灰鹤、苍鹰、鸢、雀鹰、普通鵟、白尾鹞、斑头鸺鹠等7种。

苍鹰 是鹰科鹰属的强壮鹰类。中小型猛禽，体长可达0.6米，翼展约1.3米。头顶、枕和头侧黑褐色，枕部有白羽尖，眉纹白杂黑纹；背部棕黑色，胸以下密布灰褐和白相间横纹；尾灰褐色，横斑，方形。飞行时，双翅宽阔，翅下白色，但密布黑褐色横带。身健，林栖，主要捕食鸽子等鸟类和野兔等猎物。

■ 河边舞步的黑颈鹤

黑颈鹤是一种大型的珍稀禽类，又称为"藏鹤、高原鹤"，大山包的土语把它称为"雁鹤"。目前全球仅存15种鹤，其中有9种分布于我国。

黑颈鹤是被动物学界发现最晚和唯一生活在高原环境的鹤类，是我国特有的大型飞行珍稀涉禽，被列为全球急需挽救的濒临灭绝物种。

黑颈鹤高1.2米至1.5米，重近10千克，双翼展开，宽度超过1.7米。黑颈鹤的颈部和脚都很长，头顶裸露呈暗红色，颈、尾、初级和次级飞羽为黑色，体羽为灰白色，幼鹤体羽淡棕色。

黑颈鹤是候鸟，"来不过九月九，去不过三月三"，这句谚语说的就是黑颈鹤在每年农历九月就准时从遥远的青藏高原来大山包越冬，不超过第二年的三月飞走，每年如此。

黑颈鹤越冬时集群较大，一般都有10多只至几百只在一起生活。刚飞到越冬地时黑颈鹤胆小，一直要在空中盘旋，直至它们认为安全了才会降落下来。

青稞 是禾本科大麦属的一种，禾谷类作物，因其内外颖壳分离，籽粒裸露，故又称裸大麦、元麦、米大麦。主要产自西藏、青海、四川、云南等地，是藏族人民的主要粮食。在青藏高原上形成了内涵丰富、极富民族特色的青稞文化。有着广泛的药用以及营养价值。

黑颈鹤生活在高原的沼泽地带，以洋芋、蔓菁、青稞等植物性食物为主，也会吃小鱼、泥鳅等动物性食物。而高原上生活严酷，所以黑颈鹤的数量很少，成为了珍贵的"鸟类熊猫"。

目前，全世界有8000多只黑颈鹤，到大山包越冬的就有1300多只。大山包成了国内最大黑颈鹤种群聚集地、是名副其实的"黑颈鹤之乡"。

但由于高原生活条件严酷，气候变化大，冬天积雪多，食物短缺，幼鹤成活率低。

随着人类活动的范围增大，黑颈鹤被迫向更高海拔地区转移，生存空间越来越小，食物的种类和数量也越来越少。再加上不法分子非法捕捉、杀害，对其生存造成了极大的威胁。因此，保护黑颈鹤已经势在必行。

云南昭通市现有16个自然保护区，包括大山包黑颈鹤国家级自然保护区。跳墩河是黑颈鹤在大山包的主要越冬栖息地。跳墩河名为"河"，其实只是一片高原淡水湖泊，入夜黑颈鹤就歇息在湖畔的沼泽湿地边。

每天清晨7时多，在山峦间微露的晨光中黑颈鹤三三两两地开始起

■ 低空飞翔的黑颈鹤

■高空飞翔的黑颈鹤

飞,到附近的山梁坡地上觅食。中午时分,它们就会飞回湖畔,在湖水中喝水、理羽、嬉戏、起舞弄倩影。

保护区地区群众有保护黑颈鹤的历史优良传统,加上保护区管理人员的宣传教育,在社区上形成了人鸟之间和谐协调的环境,也成为自然保护的坚实基础。当地民众尽管生活仍很贫困,但却已养成了观鸟、爱鸟、护鸟的良好习惯,使这片古老土地上鹤翔于天、声闻于野的奇特景观得以维持下来。

我国历来把鹤类视为吉祥长寿、对爱忠贞不渝的象征。随着人们对鹤的了解和关爱,保护黑颈鹤已形成良好共识。大山包因此也成了全球黑颈鹤东部越冬种群密度最大、数量最多的地方。

黑颈鹤骨骼匀称、体态优雅,一副超然世外的闲适气度,有较高的观赏价值。黑颈鹤是大自然赐给人类社会的宝贵的自然遗产,也是世界著名的重要鸟类。

阅读链接

黑颈鹤为候鸟,每年在青藏高原繁殖,冬季在南方过冬。长途飞行时,黑鹤颈群多排成"一"字纵队或"V"字队形前进,到达目的地后,开始分群配对,并转为成对活动。

这一阶段,黑颈鹤在栖息地处觅食,伸颈低头,或仰首长鸣,或绕着大圈跑动,雌雄鸟之间表现极端兴奋,特别是雄鸟更主动,绕着雌鸟跑动,展翅跳跃,向雌鸟展示自己的风姿。

从5月初开始,黑颈鹤经常在早晨到中午时间交配,5月底开始产卵。刚产不久的卵淡青色,布满不规则的棕褐色斑点,经孵化一段时间后,淡青色变为土褐色。孵化期为一个月左右的时间。

惠东港口——海龟

广东省惠东港口海龟国家级自然保护区位于广东沿海惠东县稔平半岛的最南端,地处中国南海的大亚湾与红海湾交界处大星山下的海湾岸滩,是我国海龟分布的主要海域,也是亚洲大陆唯一的海龟自然保护区。

保护区东北西三面环山,南面濒海,呈半月形。有东西向长约

■上岸的海龟

■ 伏在海底的海龟

石莼 属于绿藻门、丝藻目、石莼科、石莼属。也称海白菜、海青菜、海莴苣、绿菜、青苔菜，属常见海藻。片状，近似卵形的叶片体由两层细胞构成，鲜绿色，基部以固着器固着于岩石上，生活于海岸潮间带，生长在海湾内中、低潮带的岩石上，我国的东海、南海分布多。

1000米，宽60米至140米的沙滩带。

保护区内气候属南亚热带海洋性气候，年平均无霜期335天，平均气温22度，海水昼夜表层水温差别较大。海流方向随地理环境不同而有明显差异，流速易受风力支配，但周年变化不大，海流每昼夜涨落各两次。

保护区湿地类型为浅海、潮间沙石海滩和岩石海岸，沿岸海洋植物以马尾藻、石莼及赤藻等湿地植物为主，是鱼类、贝类等海洋生物繁殖与栖息的场所。

保护区近岸海底沙质，有少量礁石，水深5米至15米，水质清澈，夏秋水温28度左右。

沙滩坡度平缓，沙粒细小，利于海龟爬行、挖掘和产卵繁殖。一直以来是幼龟和雌龟栖息地，也是我国大陆目前唯一的绿海龟按期成批的洄游产卵的场所。我国沿海只有这里常年能见到雌龟上岸产卵。

在海洋里生存着7种海龟：棱皮龟、蠵龟、玳瑁、橄榄绿鳞龟、绿海龟、丽龟和平背海龟。所有的海龟都被列为濒危动物。

生活在我国海洋中的海生龟类有绿海龟、玳瑁、蠵龟、丽龟和棱皮龟5种，均被列为国家二级重点保护动物和濒危野生动植物公约名录。

保护区的海龟资源以西沙和南沙群岛海域最为丰富，南海北部海域次之，估计海龟数量为16800只至46300只，其中绿海龟约占85%以上，玳瑁占10%，棱皮龟、蠵龟和丽龟占3%。

每年洄游到西沙、南沙群岛海域的海龟有14000只至40000只，洄游到南海北部海域的有2300只至5500只，洄游到北部湾海域的有500只至800只。

海龟是存在了一亿年的史前爬行动物，海龟有鳞质的外壳，尽管可以在水下待上几个小时，但还是要

绿海龟 海龟因其身上的脂肪为绿色而得名。它的身体庞大，外被扁圆形的甲壳，只有头和四肢露在壳外。头略呈三角形，为暗褐色，两颊黄色，颈部深灰色，吻尖，嘴黄白色，鼻孔在吻的上侧，眼大，前颞上有一对颞鳞，为了适应海水中的生活环境，在眼窝后面还生有排盐的腺体，能使喝进的海水经盐腺而淡化。

■ 沙滩上的棱皮龟

水中畅游的海龟

浮上海面调节体温和呼吸。

海龟最独特的地方就是龟壳，它可以保护海龟不受侵犯，让它们在海底自由游动。除了棱皮龟，所有的海龟都有壳。

棱皮龟有一层很厚的油质皮肤在身上，呈现出5条纵棱。

海龟上颌平出，下颌略向上钩曲，颚缘有锯齿状缺刻。前额鳞一对，背甲呈心形。盾片镶嵌排列，椎盾5片，肋盾每侧4片，缘盾每侧11片。四肢桨状，雄性尾长，有体长的二分之一，前肢爪大弯曲呈钩状。

海龟虽然没有牙齿，但是它们的喙却非常锐利，不同种类的海龟就有不同的饮食习惯。海龟分为草食、肉食和杂食。红头龟和鳞龟有颚，可以磨碎螃蟹、一些软体动物、水母和珊瑚。

而玳瑁海龟的上喙钩曲似鹰嘴，可以从珊瑚缝隙中找出海绵、小虾和乌贼。绿龟和黑龟的颚呈锯齿状，主要以海草和藻类为食。

海龟在吃水草的同时也吞下海水，摄取了大量的盐。在海龟泪腺旁的一些特殊腺体会排出这些盐，造成海龟在岸上的"流泪"现象。

海龟每年4月至10月为繁殖季节，常在礁盘附近水面交尾，需三四个小时。雌性在夜间爬到岸边沙滩上，先用前肢挖一深度与体高相当的大坑，伏在坑内，再以后肢交替挖一个口径0.2米，深0.5米左右的卵坑，在坑内产卵。产毕以沙覆盖，然后回到海中。每年产卵多次，孵化期50天至100天。

海龟的寿命最长可达150多年，是动物中当之无愧的老寿星。正因为龟是海洋中的长寿动物，所以，沿海人仍将龟视为长寿的吉祥物，就像内地人把松鹤作为长寿的象征一样。

保护区海龟生存的威胁主要来自三个方面：孵化区遭破坏、天敌和非法盗猎及全球气候变暖。

海滩的发展大大减少了海龟筑巢的场所。雌海龟不再上岸孵卵的原因很多，人类的活动和噪声及垃圾挡住海龟的去路，而且如果海龟吃掉这些垃圾它们可能会死亡；海滩的人造灯光让海龟误以为是白天，误导了它们的夜间孵卵，也会使刚刚孵化出来想要回到海里的小海龟失去方向。

成年海龟的四鳍及头极易受到凶猛鱼类的攻击，雌龟在产卵后也可能成为鳄鱼、豹子、蚂蚁等陆生食肉动物的食物。小海龟出生时，鸟类也会以他们为食。到了水中，小海龟也会成为其他动物的食物。

深水区的海龟

另外，随着温室效应大气变暖，海平面上升，海龟产卵沙地被上升的海水覆盖，生存环境缩小。海龟属国家二级重点保护野生动物，由于人类长期随意捕杀和挖取龟卵，已面临濒危境地。

海龟自然保护区成立以来，惠东县政府颁发布告，将海龟湾划定40000平方米的滩涂、水面为保护区，并颁发了使用证书。后来升格为国家级自然保护区，加入了中国生物圈保护区网络，因此，保护区的海龟保护工作进入高速发展期，海龟保护工作已经取得了不少进展。海龟保护区致力于海洋资源环境保护，坚持以海龟资源保护为中心，同时大力开展环保教育与科研工作，取得了丰硕成果。

该保护区成为广东海洋与水产"样板式"自然保护区，建成水生救护中心、标本馆、多功能展示厅等保护管理设施，积极开展青少年环保科普教育工作，后来，又成功举办"中国少年儿童手拉手地球村""走进海龟湾、认识生命"等活动，取得了显著的生态效益和社会效益。

阅读链接

绿海龟是用肺来进行呼吸的，但胸部不能活动，是一种吞气式的呼吸方式，每隔一段时间便要将头伸出海面来呼吸。但也可以比较长时间地在水下生活，因为它还有一种具备特异呼吸功能的肛囊，即直肠两侧的一对薄囊，在肛囊袋的壁上密布着许多微血管。

当绿海龟在海中栖息时，能有节奏地收缩着肛门周围的肌肉，使海水在肛门、绿海龟头部、直肠和肛囊间进出，此时微细血管内的红细胞即可从海水中摄取氧气，不必把头伸出水面进行呼吸了。夜晚绿海龟就躺浮在海面上睡觉，暂时停止肛囊的呼吸作用，而改用肺来呼吸。

北方动物保护区

林苑之家

我国北方地区纬度较高,气候寒冷干燥,东北平原大部分被茂密的森林覆盖,内蒙古高原则以荒漠和草甸等草原自然景观为主。在这样的自然条件下同样生长着一些极为珍贵的野生动物,值得我们珍惜和保护。

我国北方珍稀动物保护区主要有大连斑海豹自然保护区、珲春东北虎自然保护区、碧水中华秋沙鸭自然保护区以及乌拉特蒙古野驴自然保护区等。

大连长兴——斑海豹

大连斑海豹国家级自然保护区位于渤海辽东湾，属辽宁省大连市管辖，主要保护对象为斑海豹及其生态环境。每年来此栖息和繁殖的斑海豹种群数量达1000只左右。

每年11月，斑海豹从白令海、鄂霍次克海、日本海成群结队向我

栖息在岩礁上的斑海豹

年幼的斑海豹

国的渤海湾长途迁游,翌年二三月份到达我国渤海北部沿海冰面生儿育女。

大连市长兴岛冰面宽阔,结冰时间较长,自然条件优越,鱼虾也十分丰富,是斑海豹繁衍生息的天然港湾。因此,大连市长兴岛被列为我国唯一的一处国家级斑海豹自然保护区。

斑海豹体粗圆,呈纺锤形,体长1.2米至2米,最大体重达150千克,雌兽略小,重约120千克。身体肥壮,头圆而平滑,眼大而圆,口触须细长。

斑海豹吻短而宽,上唇部触口须长而硬,呈念珠状。没有外耳廓,也没有明显的颈部,四肢短,前后肢都有五趾,趾间有皮膜相连,似蹼状,形成鳍足锋利爪;后鳍肢大而呈扇形,向后延伸。

斑海豹尾短小而扁平,仅有0.07米至0.1米长,夹于后肢之间,联成扇形。前肢朝前,后肢朝后,不能弯曲。

身体皮肤富有弹性,遍体生短毛,体色随年龄而异,幼时皆披白色至成体逐渐变为灰色、苍黑色,并带有褐色花纹。斑海豹背部蓝黑灰色并布有不规则的棕灰色或棕黑色、蓝黑色的斑点,腹面乳白色,

■ 成年的斑海豹

斑点稀少。

斑海豹栖息的环境是海水、河水、浮冰、泥沙滩、岩礁和沼泽地。在斑海豹不同的生命周期中，栖息环境条件不同，产仔时需要在浮冰上，换毛时需要岸滩或沼泽地，休息或晒太阳时需要岩岸，捕食和交配是在水中进行。

斑海豹的栖息环境要求清静、无干扰，船只马达的轰鸣声或人的干扰，都能迫使斑海豹离开原有的栖息地，而寻找新的安静的栖息场所。

斑海豹捕食的食物主要是鱼类，不同季节所捕食的鱼的种类也不相同，这与周围水域食物动物的种类和数量有关。鲱、青鳞鱼、梭鱼、鲻、鲫、小黄鱼、黄姑鱼、带鱼、鲐、六线鱼、鲬、鲽目等20余种鱼类是斑海豹的主要食物。

斑海豹是温血哺乳动物，适于水中生活，非常聪明，它的智商可以和两三岁的儿童相比。

梭鱼 身体细长，最大的梭鱼可以长到1.8米长。梭鱼的头短而宽，鳞片很大。梭鱼的背侧呈青灰色，腹面浅灰色，两侧鳞片有黑色的竖纹。梭鱼生活在沿海、江河的入海口或者咸水中。梭鱼喜爱群集生活，以水底泥土中的有机物为食。

斑海豹性情柔顺而敏捷，善于游泳，生活在寒带或温带海洋中。尽管海豹在陆地上行走时显得行动缓慢，步履艰难，只能扭动着前肢短短的鳍脚和身体缓缓前进。但是到了海里，它那十分笨重的身体会变得异常灵活，不但可以轻而易举地潜入深海，还可以长达二三十分钟以上不呼吸，更可以从容自如地穿梭来往，捕食各种鱼类。

斑海豹游泳时主要依靠后肢和身体的后部左右摆动前进，能以每小时27千米的速度在水面附近游动。它潜水的本领更为高强，一般可以潜至100米至300米左右的深水处，每天潜水多达三四十次，每次持续20分钟以上，令鲸类、海豚等海洋兽类也望尘莫及。

西太平洋斑海豹的眼睛对水下及陆地都适应得极好，晶状体大而圆，水的折射率与其角膜折射率几乎相等，因此，在水中，光波通过它的角膜时不会发生

六线鱼 鲉形目六线鱼科一些海产鱼类的统称。其特征是鳞细小，背鳍长，腭牙强，体长一般不超过45厘米，肉食性，有食用价值。主要捕食对象有小鱼、甲壳类、软体蠕虫等。根据生息环境的差异，体色也分为黄色、红褐色、紫褐色等多种颜色。它们分布于北太平洋，我国的黄海和渤海沿海有一定的产量，其中辽宁省沿海产量较多。

■ 冲浪的斑海豹

■ 浮出水面换气的斑海豹

弯曲折射，就如同在空气中传播一样，能使水下影像聚焦后形成在视网膜上。

在有月亮的晚上，可以借助水下昏暗的弱光探测到400多米深处的运动物体，从而捕捉猎物。

斑海豹在水中的听力也很好，能准确地定位声源。在潜水时，它的鼻孔和耳孔中的肌肉活动瓣膜关闭，还可以阻止海水进入耳、鼻。

斑海豹的分布范围较小，辽东湾是斑海豹在西太平洋最南端的一个繁殖区，也是我国海域唯一的繁殖区。由于斑海豹具有较高的经济价值，长期以来，遭到过量猎杀，致使其种群数量急剧减少。

另外，随着城市建设和辽东湾沿海地区都市化，使得原先斑海豹栖息地逐步缩小；滩涂养殖业的发展、油田的开采、航运事业的日益发达以及近海排污等，对斑海豹繁殖的生态环境也造成较大的破坏。

据调查，辽东湾地区每年来此栖息和繁殖的斑海

辽东湾 我国渤海三大海湾之一，位于渤海东北部。西起辽宁省西部六股河口，东到辽东半岛西侧长兴岛。辽东湾是我国沿海水温最低、冰情最重处，每年都有固体冰出现。春季融冰，气温较低。滩涂宽广，除捕捞水产品、种苇、晒盐外，海水养殖和围垦都有一定规模。

豹种群数量仅1000只左右。

因此，大连斑海豹自然保护区的建立，对于保护斑海豹种群及其繁殖栖息地，以及保护辽东湾内其他海洋生物及水产资源具有非常重要的作用。

保护区建有一座内径12米的暂养池、4个临时野外监测站。2001年4月，长兴岛一次放生救治好的幼斑海豹20余只。他们还派出专人专船在海上和陆地上监护看管，以确保每一只斑海豹都安全重返海洋。

每年监测站的工作人员从正月初十左右开始，将滞留在海面浮冰上的小斑海豹因风吹到岸边的打捞上来，留在监测站进行人工喂养，等到了下一年4月份再将这些斑海豹放生到大海中，最多的一年曾放生斑海豹103只。

如今，大连海域已成为斑海豹最理想的繁殖区，辽东湾斑海豹数量已升至近万头。

在斑海豹保护区的核心区和缓冲区内，不得建设任何建设项目；在斑海豹保护区的实验区内，不得建设污染环境、破坏资源的生产设

■ 海滩上休息的斑海豹

施;建设其他项目,其污染物排放不得超过国家和地方规定的污染物排放标准。

在斑海豹保护区的实验区内已经建成的设施,其污染物排放超过国家和地方规定的排放标准的,应当限期治理;造成损害的,必须采取补救措施。

在海水结冰期间,经过斑海豹保护区的船舶应当在固定或者传统航道上航行,并适当降低航速,减少对冰层的损坏,发现斑海豹应当注意避让。

船舶运载具有爆炸、易燃、毒害、腐蚀、放射性、污染危害性等特性的危险货物经过斑海豹保护区,应当符合国家安全生产、海上交通安全、防治船舶污染、危险化学品管理等法规的规定。

单位和个人发现受伤、搁浅或者因误入港湾、河汊、网地被困的斑海豹时,应向斑海豹保护区主管部门或者斑海豹保护区管理机构报告,具备采取紧急救护措施的,可以采取紧急救护措施;不具备采取紧急救护措施的,可以要求附近具备救护条件的单位采取救护措施。

每年12月1日至次年4月30日为斑海豹洄游期。在斑海豹洄游期

可爱的斑海豹

■ 岸礁上张望的斑海豹

内，保护区管理机构可以根据斑海豹分布情况，划定一定范围的禁渔区并向社会公布。禁止在禁渔区进行捕捞。建设工程施工可能对斑海豹及其生存环境造成影响的，也应当避开斑海豹洄游期。

　　保护区的这些措施，对于斑海豹的保护起到了一定的作用。斑海豹种群数量由保护区成立前的不足千头增加到现在的近2000只。

阅读链接

　　在辽宁省大连市复州湾内的长兴岛上，有处藏在深闺人未识的海豹岛。每年的二三月份，一群群被誉为"水中骄子"的海豹在冰面上嬉戏，跳起优美的舞蹈，不时发出声声鸣叫，吸引着许多行人驻足观赏，成为罕见的冰上动物园。

　　雌海豹生育时，雄海豹日夜守护在旁，形影不离，当其他斑海豹靠近时发出吼叫声，以此警示切勿闯入。幼海豹生下后，雌海豹和雄海豹轮流潜入水中捕捉食物喂养。一个月后待幼海豹长大时，父母便携儿带女重返大洋生活。

吉林珲春——东北虎

　　珲春东北虎国家级自然保护区位于吉林省延边朝鲜族自治州东部中、俄、朝三国交界地带，东与俄罗斯波罗斯维克、巴斯维亚两个虎豹保护区和哈桑湿地保护区接壤，西与朝鲜的卵岛和藩蒲湿地保护区相邻，属于野生动物类型的自然保护区。

　　主要保护对象为国际濒危物种、一级重点保护野生动物东北虎、豹及栖息地。

■ 静卧的东北虎

■ 雪地里的东北虎

保护区属于中温带海洋性季风气候，冬暖夏凉，年平均气温5.6度，年平均降雨量618毫米。春季东南风，冬季西北风。

保护区常见的野生植物有东北红豆杉、红松、紫椴、黄檗、水曲柳、胡桃楸、钻天柳、野大豆、刺五加、莲等。

保护区的国家一级重点保护野生动物有东北虎、豹、梅花鹿、紫貂、原麝、丹顶鹤、金雕、虎头海雕、白尾海雕等；国家二级重点保护的野生动物有黑熊、马鹿、猞猁、花尾榛鸡等。

东北虎，又称西伯利亚虎，分布于亚洲东北部，即俄罗斯西伯利亚地区、朝鲜和我国东北地区。

东北虎体长可达3米，尾长约1米，体重达到350千克。体色夏毛棕黄色，冬毛淡黄色。背部和体侧具有多条横列黑色窄条纹，通常两条靠近，呈柳叶状。

头大而圆，前额上的数条黑色横纹，中间常被串通，极似"王"字，故有"丛林之王"之美称。

黑熊 我国也称狗熊、熊瞎子或狗驼子。黑熊的体型只能算中等，母熊的体型比较小。黑熊的体毛粗密，一般为黑色，也有棕色，头部又宽又圆，耳朵圆，眼睛比较小。黑熊以4只脚趾行走，属跖行类动物，四肢粗壮有力，脚掌硕大，尾巴较短。我国的黑熊主要分布在东三省和云贵地区。

■ 东北虎

野猪 又称山猪，猪属动物。广为分布在世界上，不过由于人类猎杀与生存环境空间急剧减缩等因素，数量已急剧减少，并已经被许多国家列为濒危物种。野猪是杂食性的，只要动物能吃的东西它都吃。野猪不仅与家猪外貌极为不同，成长速度也远比家猪慢得多，体重也较轻。我国的野猪主要分布在东三省和云贵地区。

东北虎的头骨近于椭圆形，吻部宽短，整个头骨由扁平和不正形骨构成，分脑颅和面颅两部分。头骨大而厚实，呈长菱形，吻部较宽。脑颅部低而小，至后部变尖。

颧骨粗强，向外侧突出甚远。额骨两侧略呈隆起，中间凹陷。在额骨和鼻骨缝的连接处形成一凹窝。构成眼眶后缘的额骨颧突和颧骨额突较小，因而两突相距较远，眶间距较窄。

东北虎的虎爪和犬齿利如钢刀，锋利无比，长度分别为0.15米和0.09米，是撕碎猎物时不可缺少的"餐刀"，也是它赖以生存的有力武器。另外，它还有条钢管般的尾巴。

东北虎栖居于森林、灌木和野草丛生的地带。独居，无定居，具有领域行为，夜行性。行动迅捷，善游泳。

东北虎捕食的对象主要是野猪、马鹿、狍子、麝等有蹄类动物。东北虎的基本猎物是野猪,在各个季节,虎的食物中野猪所占的比例近一半。

东北虎捕捉猎物时常常采取打埋伏的办法,悄悄地潜伏在灌木丛中,一旦目标接近,便"嗖"地窜出,扑到猎物,或用尖爪抓住对方的颈部和吻部,用力把它的头扭断,或用利齿咬断对方喉咙,通常是"一齿封喉",或猛力一掌击碎对方颈椎,使其断裂而死。

而对付大型食草类动物如牛时,则采用从后背进攻法,猛然扑到牛的后背,用利爪固定住自身的平衡后再用利齿咬其后颈或颈椎,致死方休,然后再慢慢地享用。

东北虎一年大部分时间都是四处游荡,独来独往。只有到了每年冬末春初的发情期,雄虎才筑巢,迎接雌虎。不久,雄虎多半不辞而别,产崽、哺乳、养育的任务将由雌虎承担。

雌虎怀孕期约3个月,多在春夏之交或夏季产崽,每胎产2崽至4崽。雌虎生育之后,性情特别凶猛、机警。它出去觅食时,总是小心

■雪地中凝视的东北虎

秋色中的东北虎

谨慎地先把虎崽藏好,防止被人发现。回窝时往往不走原路,而是沿着山岩溜回来,不留一点痕迹。

虎崽稍大一点,母虎外出时将它们带在身边,教它们捕猎本领。一两年后,小虎就能独立活动。东北虎的寿命一般为20年左右。

东北虎如传说的山神一样,拥有火一样的神灵目光。它的身体厚实而完美,背部和前肢上的强劲的肌肉在运动中起伏,巨大的四肢推动向前,是那样的平稳和安静,看起来就像在丛林中滑行一样。

它相对地拥有尖硬的锯牙钩爪,拥有5个非常锐利的虎爪,使用时伸出,不用时缩回爪鞘避免行走时摩擦地面。

它的肌肉比最好的健美运动员的肌肉还要好看,还要结实,肌纤维极为粗,浑身上下,很少能找到多余的脂肪,强壮的骨骼附有强大的肌肉,具有极强的爆发力。

东北虎是自然生物链中最顶端的大型猫科动物,是目前仅存的虎的5个亚种中体形最大的一种,擅长昼伏夜出。它威武而神圣,一直是勇敢和力量的象征,在中华几千年的文化和宗教领域里担任着重要的角色，又有"百兽之王"和"山神爷"的美称。

人们对东北虎的捕杀率大大超过它的繁殖率，这是东北虎濒临灭绝的直接原因。由于其栖息地生态环境的破坏和偷猎者的捕杀，据统计野生的东北虎仅500只，主要分布在俄罗斯远东地区和我国东北山林中。其中我国境内的东北虎只有不足20只，主要栖息在黑龙江省和吉林省东部林区。

我国政府已经规定了严格的保护办法。对牛羊被虎捕食的农民由国家给予赔偿，并以法律规定禁止生产、销售以虎为原料的中药、虎骨膏、虎骨酒等，堵塞应用市场，以增强对东北虎的保护。

滥伐森林、乱捕乱杀野生动物，严重地破坏生态平衡，是造成东北虎濒临灭绝的另一个重要的间接原因。因此，保护野生东北虎刻不容缓。

我国早在20世纪50年代就将东北虎列为国家一级保护动物，并严格禁止捕猎。

> **中药** 即中医用药，为我国传统中医特有的药物。中药按加工工艺分为中成药、中药材。我国医药学已有数千年的历史，它是我国人民长期同疾病作斗争的极为丰富的经验总结，对于中华民族的繁荣昌盛有着巨大的贡献。药物原料有植物原料和动物原料，其中以植物居多。

■ 误入村庄的东北虎

伏在岩石上休息的东北虎

据世界最大的东北虎人工饲养繁育基地提供的资料显示,为了使野生东北虎有一个良好的生存环境,1958年,我国就在东北虎之乡的黑龙江省建立了全国第一个丰林红松原始自然保护区。

1962年,国务院将东北虎列入野生动物保护名录,并建立了自然保护区。

1977年,我国相关部门将东北虎列为重点保护珍稀濒危物种。

2005年,吉林省珲春东北虎生活区经国务院批准列为国家级自然保护区。

据中、俄、美三国专家联合调查统计,保护区内的东北虎有30只左右,还有部分东北虎经常游荡于中俄两国之间。保护区内的东北虎主要分布在北部的青龙台、春化和马滴达保护站辖区内,偶尔也活动于敬信和杨泡保护站境内。

珲春东北虎国家级自然保护区作为我国第一个以东北虎、豹及栖息地为主要保护对象的自然保护区,不仅起着联系中、俄、朝三国将虎豹种群自由迁移,维持种群繁衍的生态通道的作用,而且在世界虎豹保护战略中也起着不可替代的重要作用，因而备受国内外所关注。

2010年以来，我国在东北的吉林省和黑龙江省确立9个野生东北虎保护优先区，为其创造一个良好的栖息、繁殖地。

这9个保护优先区分别为：珲春—汪清—东宁—绥阳、长白山、张广才岭南部、穆棱、桦甸、张广才岭北部、白山—通化—集安、露水河—东江、靖宇—江源。

这些保护优先区均位于俄罗斯、朝鲜和我国的边境线附近，面积约为38000平方千米。这些区域存有大片完整的森林和一定数量的猎物种群，能够保证野生东北虎的活动和交流。

东北虎人工饲养繁育基地建立后，一直致力于研究东北虎的饲养繁育技术。近10年又引进了具有国际谱系的东北虎种源，基地内的东北虎数量已由最初的8只，发展至600多只。

东北虎人工繁育工作的成功不仅体现在东北虎数量的增多，更侧重优秀种群的培育。基地将从千余只东北虎中选择优秀个体，建立优秀保护种群，进一步开展野化训练工作，不断提高东北虎野外生存能

■ 伺机捕食的东北虎

■ 漫步的东北虎

力,为最终"放虎归山"打下深厚基础。

东北虎是现存虎类中个体最大、体色最美的一种,不仅具有很高的观赏价值,而且具有独特的美学价值。在我国,文学、绘画等方面的艺术作品中都有很多关于虎的描写。如果东北虎灭绝了,这对我国文化的传承和发展是一个巨大的损失。

阅读链接

在人们心目中,老虎一直是危险而凶狠的动物,是最强大的猫科动物,也是当今世界战斗力首屈一指的食肉动物。

然而,在正常情况下东北虎一般不轻易伤害人畜,除非饿到极点或感觉到威胁,反而是捕捉破坏森林的野猪、狍子的神猎手,而且还是恶狼的死对头。

为了争夺食物,东北虎总是把恶狼赶出自己的活动地带。东北人外出时并不害怕碰见东北虎,而是担心遇上吃人的狼。人们赞誉东北虎是"森林的保护者"。

伊春碧水——中华秋沙鸭

碧水中华秋沙鸭自然保护区位于黑龙江省伊春市带岭区境内,地处我国东北东部山地小兴安岭山脉的东南段永翠河流域的中段,总面积为2535公顷。

保护区内森林茂密,植被类型齐全,风景优美,森林溪流生态系统保存完整,中华秋沙鸭营巢的巢树充足,河水无污染,冷水鱼类及其他水生生物丰富,为中华秋沙鸭的生存提供了保障。

成对的秋沙鸭

■ 河畔的秋沙鸭

保护区内的主要河流永翠河不仅是保护区内野生动植物所需水分的主要供应地，也是带岭区重要的生态屏障和汤旺河、松花江的水源涵养地，有着极其重要的保护意义和保护价值。

中华秋沙鸭是第三纪孑遗物种，距今已生存了1000多万年，被称为"鸟类中的活化石"，属国家一级重点保护动物，是雁形目中唯一一种国家一级保护鸟类。

与大熊猫、华南虎、滇金丝猴齐名，同为中国国宝，并已被列入国际自然与自然资源保护同盟濒危动物红皮书和国际鸟类保护联合会濒危鸟类名录。

中华秋沙鸭属于鸟纲，雁形目，鸭科，别名鳞胁秋沙鸭、油鸭、唐秋沙；嘴形侧扁，前端尖出，与鸭科其他种类具有平扁的喙形不同。

嘴和腿脚红色。雄鸭头部和上背黑色，下背、腰部和尾上覆羽白色；翅上有白色翼镜；头顶的长羽后

孑遗物种 在较为古老的地质历史时期中曾经非常繁盛，分布很广，但到较新时期或现代则大为衰退的一些生物物种。例如，仅产于我国的大熊猫和原来仅产于我国的银杏、水杉等就属于孑遗物种。

伸成双冠状。

胁羽上有黑色鱼鳞状斑纹。雌鸟的头部呈棕褐色，上体蓝色，下体白色，本种无严重分化。

中华秋沙鸭出没于林区内的湍急河流，有时在开阔湖泊，成对或以家庭为群。觅食多在缓流深水处，潜水捕食鱼类，捕到鱼后先衔出水面再行吞食。

善潜水，潜水前上胸离开水面，再侧头向下钻入水中，白天活动时间较长，此外还食石蚕科的蛾及甲虫等。

中华秋沙鸭性机警，稍有惊动就昂首缩颈不动，随即起飞或急剧游至隐蔽处。它们于每年4月中旬沿山谷河流到达山区海拔1千米的针、阔混交林带。常成三五只小群活动，有时和鸳鸯混在一起。

中华秋沙鸭的繁殖季节成对，偶尔见有一雄二雌结合，求偶期间亦常出现争雌现象，交配在水中进行，孵化期35天。

鸳鸯 鸟类名，雁形目鸭科鸳鸯属。似野鸭，体形较小。嘴扁，颈长，趾间有蹼，善游泳，翼长，能飞。雄的羽色绚丽，头后有铜赤、紫、绿等色羽冠；嘴红色，脚黄色。栖息于内陆湖泊和溪流边。在我国内蒙古自治区和东北地区繁殖，越冬时在长江以南直至华南一带。为我国著名特产珍禽之一。

■ 秋沙鸭掠过水面

姿态优美的秋沙鸭

中华秋沙鸭到达繁殖地后，就开始寻找天然树洞做巢。巢多筑在紧靠河边的老杨树的天然树洞中，巢内垫以木屑，上面覆盖着绒羽，并混有少量羽毛和青草叶。

交配前雄鸭围绕雌鸭游动嬉戏，当雌鸭靠近时雄鸭猛扑到雌鸭背上进行交尾。4月初至4月中旬产卵，通常一天产一枚，产最后一枚时常间隔一天。年产一窝，每窝产卵10枚左右。

卵为长椭圆形，浅灰蓝色，遍布不规则的锈斑，钝端尤为明显。雌鸭在产完最后一枚卵后开始孵卵，孵卵期内每日坐巢时间很长，除中午出巢约一小时外，其余时间都在孵卵，孵卵期为30天左右。

孵化期间，雌鸭的活动比较有规律。它每天外出觅食两三次，每次外出觅食的时间大约一个小时左右。晴天并且气温较高时，雌鸭外出觅食的次数多，觅食时间也要稍微长一些。

阴天或气温较低时，寻食的次数减少，觅食时间也稍短一些。在雏鸟出巢前的两三天内，母鸭外出寻食的次数明显减少，并且每次外出寻食的时间也由原来的一个小时左右缩短为每次20分钟至半个小时左右。

雏鸟出巢时，由亲鸟带领跳出洞口，进入水中，成家族群活动。

由于中华秋沙鸭繁殖分布区域狭窄,数量极其稀少,且栖息繁殖地已呈孤岛状,破碎化严重。因此,对其进行保护十分紧要。

碧水中华秋沙鸭保护区成立以来,在各级政府和有关部门的关心和帮助下,保护区在资源保护和建设乃至科研方面做了大量工作,使碧水中华秋沙鸭自然保护区的建设初具规模。

秋沙鸭水中倒影

为了最大限度给中华秋沙鸭保护提供便利,保护区进行严密监护,禁止一切人为猎捕野生动物和乱砍滥伐的行为。

在春季中华秋沙鸭迁徙时,沙石还没有完全解冻,取食有一定困难,工作人员就凿冰捕鱼,定点投放,保证它们摄取食物。

在繁殖期,研究人员积极探窝、修复洞口、扩大洞内面积,保证有足够数量的营巢树洞,并且定时、定点巡护。

水面上姿态优美的秋沙鸭

水中掠影

通过努力,保护区成功完成了世界首例人工繁殖中华秋沙鸭,填补了世界空白。同时,通过救助、野外驯化方式增加种群,成功将50余只中华秋沙鸭放飞。

保护区成立以来先后与带岭林业科学研究所和东北林业大学野生动物资源学院等科研院所进行了广泛的合作,开展了"黑龙江中华秋沙鸭的现状及其保护""带岭林区中华秋沙鸭数量与栖息地调查"等课题的研究。另外,还重点开展了中华秋沙鸭野外繁殖生态学的科学观测工作。

2005年保护区投入了大量人力、物力,历时一个月的时间找到了4处中华秋沙鸭巢,其中最多的一个巢内有14枚卵,最少的有9枚。

工作人员有选择地在其中两处鸭巢内安装了两套监控设备,密切跟踪观测中华秋沙鸭的生活习性,用6个监控摄像头多角度监测记录中华秋沙鸭孵化全过程,研究结果总结发表了学术论文《中华秋沙鸭巢址选择及孵化期活动节律的研究》。

此项研究是在我国首次利用现代化电视监控系统记录了中华秋沙鸭孵化的全过程,研究中获取的关于亲鸟孵化行为、孵化周期、鸭雏的出巢过程及在水中生活习性等数据与资料填补了我国中华秋沙鸭孵化研究过程中的空白，为研究中华秋沙鸭的繁殖生物学和繁殖生态学提供了可靠的第一手资料，也为保护区采取保护措施提供了有效及时的科学依据。

在监测后期，科研人员意外发现被亲鸟丢于巢内最后孵出的4只雏鸟，于是对它们进行了救护，将其取出进行人工饲养。

在取鸭雏时发现该巢的位置较深，刚出壳的这4只鸭雏活动能力较弱，它们没能及时跳出这个树洞。这4只鸭雏与后期被救护的一只鸭雏和一只亚成体中华秋沙鸭一起在保护区工作人员的精心饲养下生长发育良好。

保护区的科研人员在近几年的工作实践中已探索

生物学 研究生物体的生命现象及其生命活动规律的科学，属于自然科学。生物学是自然科学的一个门类。是研究生物的结构、功能、发生和发展的规律以及生物与周围环境的关系等的科学。生物学源自博物学，经历了实验生物学、分子生物学而进入了系统生物学时期。

在水中荡漾的秋沙鸭

在水中起飞的秋沙鸭

出一套中华秋沙鸭人工驯养和越冬的成功经验。目前，保护区在保护的基础上，正策划通过人工驯养繁殖并野化放飞这一手段来增加中华秋沙鸭的野外种群数量，以此来拯救中华秋沙鸭这一全球性濒危物种。

通过多年来的保护和管理，在伊春碧水中华秋沙鸭由建区前的不足10只的偶见种，成为种群数量达数百只的常见种，种群数量保持较稳定。碧水保护区被认为是中华秋沙鸭在国内最大的集中繁殖栖息地。

保护区的建设和发展，对于保护生物多样性，维护生态平衡，保护珍贵稀有的中华秋沙鸭及其赖以生存的森林溪流生态系统，促进带岭区经济的良性发展都具有十分重要的意义。

阅读链接

中华秋沙鸭以往在我国的很多地方都有越冬的记录，但分布点零散，而且多为小群或零星个体，很少在同一地见到10只以上的个体记录。

1989年至1991年的冬季水鸟调查，共记录48只秋沙鸭，它们主要分布在江苏省盐城、高宝湖，湖南省洞庭湖，辽宁省丹东及甘肃兰州等地。

近几年来新发现的中华秋沙鸭越冬地主要见于安徽肥东、山东省荣成、长岛及沿海一带，吉林省和辽宁省的鸭绿江等地也曾见过它们的身影。

21世纪初在赣东北的弋阳、婺源相继发现中华秋沙鸭的较大越冬群，总数量至少超过100只，而且数量和分布地点相对保持稳定。吉林省集安市境内的鸭绿江上发现8只，黑龙江省共有170只左右，其种群数量较稳定。

乌拉特——蒙古野驴

　　乌拉特梭梭林蒙古野驴国家级自然保护区位于内蒙古自治区巴彦淖尔市乌拉特中、后旗北部的巴音杭盖苏木、巴音前达门苏木境内，与蒙古国接壤，属荒漠生态系统类型国家级自然保护区。

　　这个自然保护区的主要保护对象为该区内天然的梭梭林和在此栖息的蒙古野驴、北山羊、鹅喉羚等珍稀野生动物。

■ 原野中的蒙古野驴

荒漠生态系统

地球上最耐旱的，以超旱生的小乔木、灌木和半灌木占优势的生物群落与其周围环境所组成的综合体。荒漠生态系统分布在干旱地区，那里烈日炎炎，昼夜温差大，年降水量低于250毫米，气候干燥，自然条件极为严酷，动植物种类十分稀少。生活在荒漠中的生物既要适应缺水状况，又要适应温差大的恶劣条件。

保护区内植物区系成分是以干旱地区的种类占主导地位，具有显著的荒漠特点。珍稀濒危野生植物有裸果木、绵刺、革苞菊。

保护区原始天然梭梭林是梭梭林在我国分布的最东缘，而且多数树龄已达几百年，林地上枯老的粗干虬枝纵横倒伏，新生长的中幼梭梭木在干旱贫瘠的荒漠中顽强生长，没有生态环境的破坏和污染，反映了原始古老的自然状态。

梭梭木根部寄生的肉苁蓉具有"沙漠人参"之美称，"九头锁阳"是稀世药宝，都具有很高的药用价值和经济价值。

兽类中属于国家一级保护动物有蒙古野驴、北山羊两种；属于国家二级保护动物有鹅喉羚、盘羊、猞猁、兔狲、荒漠猫5种。保护区鸟类中列入国家一级重点保护种类有大鸨、波斑鸨、金雕3种，列为国家

■ 在旷野中疾驰的蒙古野驴

■ 在草原上进食的蒙古野驴

二级重点保护种类有蓑羽鹤、灰鹤、草原雕、鸢、苍鹰、秃鹫、红隼7种。两栖爬行类常见有蟾蜍科的花背蟾蜍等，蛙科的有疣皮蛙等。爬行类有蜥蜴科的沙蜥、蒙古沙蜥等。

蒙古野驴是大型有蹄类动物。外形似骡，体长可达2.6米，肩高约1.2米，尾长0.8米左右，体重约250千克。吻部稍细长，耳长而尖。尾细长，尖端毛较长，棕黄色。四肢刚劲有力，蹄比马小但略大于家驴。

蒙古野驴颈背具短鬃，颈的背侧、肩部、背部为浅黄棕色，背中央有一条棕褐色的背线延伸到尾的基部，颈下、胸部、体侧、腹部黄白色，与背侧毛色无明显的分界线。

蒙古野驴营游荡生活，以禾本科、莎草科和百合科草类为食，冬季主要吃积雪解渴。它的叫声像家

北山羊 又叫悬羊、野山羊等。北山羊在我国分布于新疆和甘肃西北部、内蒙古西北部等地。栖息于海拔3.5千米至6千米的高原裸岩和山腰碎石嶙峋的地带。它非常善于攀登和跳跃，蹄子极为坚实，有弹性的蹄关节和像钳子一样的脚趾，能够自如地在险峻的乱石之间纵情奔驰。

驴，但短促而嘶哑。八九月份发情交配，雄驴间争雌激烈，胜者拥有交配权。怀孕期约11个月，每胎一仔。

蒙古野驴具有极强的耐力，既能耐冷耐热，又能耐饥耐渴耐干旱，蒙古野驴可以数日不饮水。

它们的听觉、嗅觉、视觉均很灵敏，能察觉距离自己数百米外的情况。若发现有人接近或敌害袭击，先是静静地抬头观望，凝视片刻，然后扬蹄疾跑。

跑出一段距离后，觉得安全了，又停下站立观望，然后再跑。总是跑跑、停停、看看。

蒙古野驴有随季节短距离迁移的习性。

平时活动很有规律，清晨到水源处饮水，白天在草场上采食、休息，傍晚回到山地深处过夜。每天要游荡好几十千米的路程。在野驴经常活动的地方，未受到惊扰的蒙古野驴移动时喜欢排成一路纵队，鱼贯而行。

在草场、水源附近，经常沿着固定路线行走，在草地上留下特有

蒙古野驴在嘶鸣

■ 行走在草场上的蒙古野驴

的"驴径"。驴径宽约0.2米，纵横交错地伸向各处。

野驴善于奔跑，甚至狼群都追不上它们，但由于"好奇心"所致，它们常常追随猎人，前后张望，大胆者会跑到帐篷附近窥探，给偷猎者可乘之机。

由于地质历史时期气候的变迁、人类的直接捕杀和改变野驴的生存环境，蒙古野驴的分布区已缩小，仅限于西北地区的中蒙边境沿线，我国的数量不超过2000头。

要保护好这个种群，首先要保护好蒙古野驴的生存环境，这大致可分两步进行：

第一步，将乌拉特后旗的梭梭林保护区扩大，形成一个蒙古野驴的梭梭林自然保护区；第二步，与蒙古国合作建立跨国保护区。蒙古野驴可能有长距离迁徙的特性，建立跨国保护区将会更好地保护这一物

梭梭林 即梭梭木林，一名胡桐。现生存于嘉峪关外沙漠地带，当地人呼为梭梭，是一种枝干拳曲臃肿、不能成材的树种。在汉代，中原尚有此木，由于没有多少使用价值，就逐渐消失了。其质易燃，多取为柴，并且耐久不灰，可做上好的木炭。

种,并能争取国际保护基金。

乌拉特保护区自建立以来,保护区的工作人员克服了自然条件恶劣、管护面积大、经费不足、交通和通信设备极其短缺、人手不够等多方面的困难,在保护、管理、科研和基础设施建设等工作上作出了突出的成绩。

保护区开展了经常性的保护巡逻工作、护林防火工作和宣传教育工作。

通过标牌、标语、宣传单和走访牧民等形式大力宣传《森林法》《草原法》《森林和野生动物类型自然保护区管理办法》等法律、法规,提高保护区内及周边地区居民对自然保护工作重要性的认识,使他们充分认识到保护梭梭林和当地野生动物与其自身生存息息相关的重要性,并与保护区工作人员密切配合,防止外地人员到保护区取梭梭柴。

保护区内牧民已经杜绝猎杀野生动物行为。蒙古野驴迁移过来之后，保护区工作人员为了给野驴创造良好的栖息环境，人工挖掘了饮水坑，定期、不定期派人巡护、投放饲料。对被围在保护区围栏内的野驴，保护区雇专人看护并投放饲料和水。

乌拉特保护区实施一二期工程以来，为及时救护受伤的野生动物，分别在色尔崩管护点和巴音查干管护点合建两处野生动物救护站，同时在动物救护站附近各建了一个周长为250米的封闭围栏，以圈养受伤的野驴等动物。

一期工程中建成了围栏工程86千米，挖浅水井5处，设补饲点10处，固定样地20处，修建瞭望塔3座。三级气象因子定位观测点两处和生态定位观测点一处，这些设施设备的修建和配备都为保护和研究蒙古野驴提供了有利的物质保障和基础。按照科学规划、因地制宜的原则，较好地完成了建设任务。

草原上成群的蒙古野驴

■ 奔跑在草原上的蒙古野驴

另外，保护区还设置了区碑、标桩、标牌、宣传标牌等设施，设立了科研监测固定样地，购置了保护设备、科研监测设备、宣教设备、办公及信息设备。

建设项目的实施，使保护区内以梭梭木为主的天然植被得到有效的恢复，更新速度明显加快，遏制了乱捕滥猎和乱采滥挖行为，蒙古野驴的种群数量明显增加，保护区工程建设成效显著。

阅读链接

蒙古野驴有一头哨驴，警惕性极高，忠于职守。接近于它五六百米处时，它开始慢慢跑去。你走它跑，跑跑停停，始终与你保持五六百米的距离，最后它再引诱你朝着驴群的相反的方向走去，以确保驴群的安全。

驴群通常为20头至200多头一群，一旦发生危情，驴群中的头驴会带着其他成员排成"一"字形逃跑，场面十分壮观。